食品创新设计

杨剑婷　刘　颜　著

合肥工业大学出版社

图书在版编目(CIP)数据

食品创新设计/杨剑婷,刘颜著.--合肥:合肥工业大学出版社,2024.12
ISBN 978-7-5650-6490-6

Ⅰ.①食… Ⅱ.①杨… ②刘… Ⅲ.①食品工艺学 Ⅳ.①TS201.1

中国国家版本馆CIP数据核字(2023)第244355号

食品创新设计
SHIPIN CHUANGXIN SHEJI

杨剑婷 刘 颜 著　　　　　　责任编辑 汪 钵 毕光跃

出 版	合肥工业大学出版社	版 次	2024年12月第1版	
地 址	合肥市屯溪路193号	印 次	2024年12月第1次印刷	
邮 编	230009	开 本	787毫米×1092毫米 1/16	
电 话	理工图书出版中心:0551-62903004	印 张	9.75	彩 插 1印张
	营销与储运管理中心:0551-62903198	字 数	238千字	
网 址	press.hfut.edu.cn	印 刷	安徽联众印刷有限公司	
E-mail	hfutpress@163.com	发 行	全国新华书店	

ISBN 978-7-5650-6490-6　　　　　　　　　　定价:39.00元

如果有影响阅读的印装质量问题,请与出版社营销与储运管理中心联系调换。

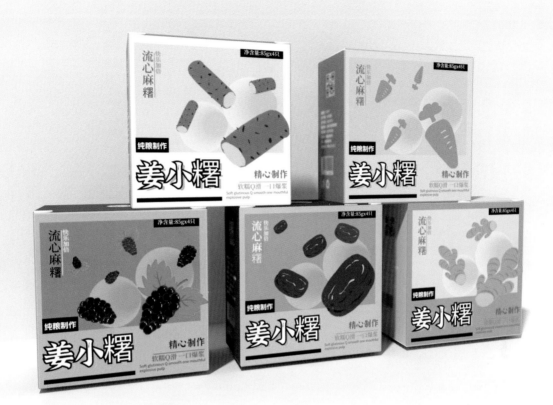

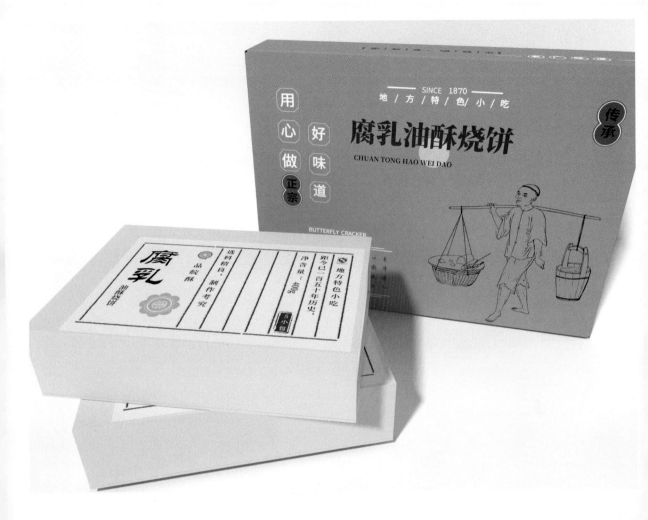

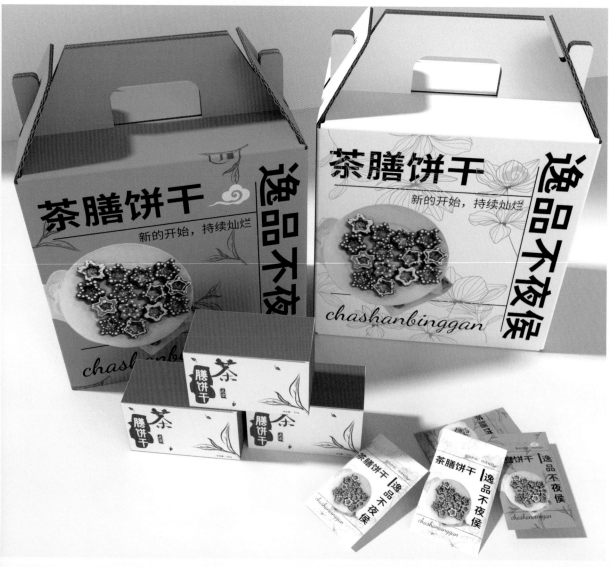

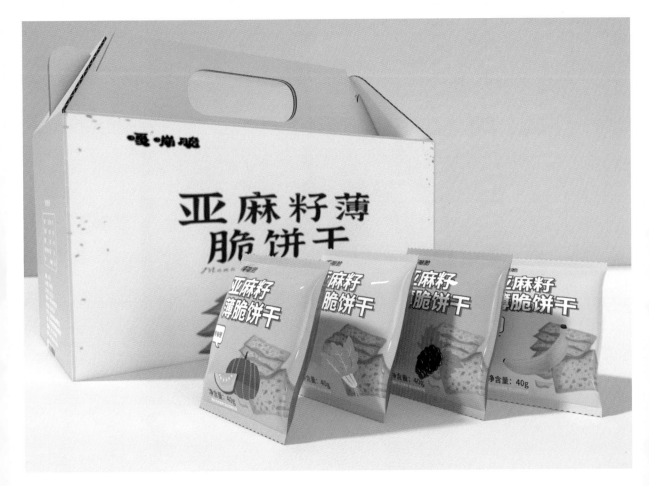

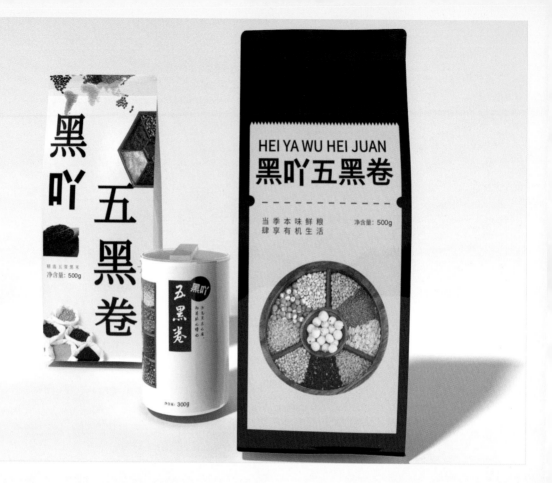
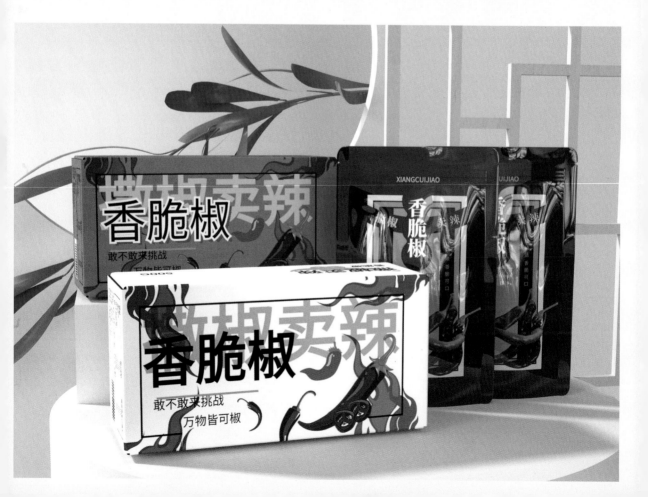

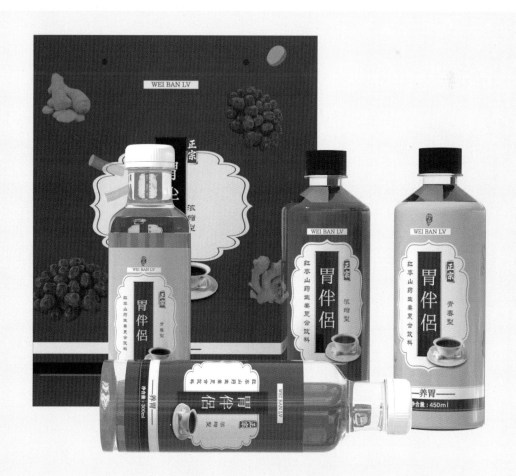

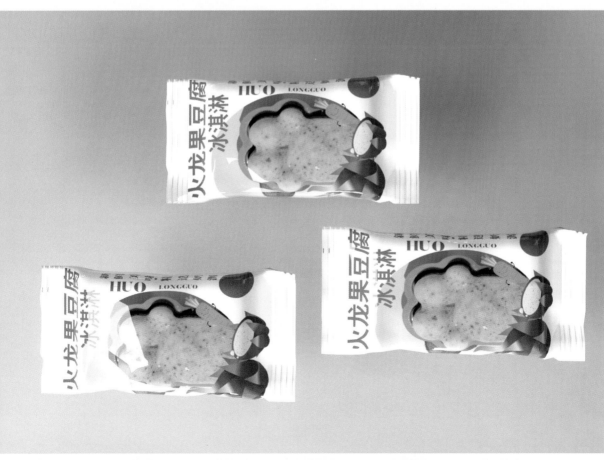

前　言

食品类专业创新创业教育课程，如食品科学与工程专业的"食品研发训练"、烹饪与营养教育专业的"烹饪产品创新导论"等，对提高学生创新意识、培养学生创业精神等具有重要意义。为了使学生能系统地掌握此类课程的理论知识，更好地提高实践能力，编写团队理论联系实际，结合创新产品实例编写了《食品创新设计》一书。

本书是在《国务院办公厅关于进一步支持大学生创新创业的指导意见》（国办发〔2021〕35号）的指导下，以增强自主创新能力、建设创新型国家为目标，以构建创新体系为中心编写而成，充分体现了深化高校创新创业教育改革，将创新创业教育贯穿人才培养全过程，建立以创新创业为导向的新型人才培养模式。本书入选全国食品工业行业"十四五"职业教育规划教材。

本书主要特点如下：

一是集理论知识与实践于一体。本书以大量的创新比赛作品为案例，力争做到内容既有理论的先进性，又有实践的可操作性。

二是注重提高学生的素质和能力。本书以素质塑造为基础，强化食品产品设计的基础原理；以能力培养为核心，以成果产出为导向，提升学生的创新意识。

三是传承民族优秀传统文化。根据食品创新设计的基本原则和要求，本书着重挖掘与食品相关的传统文化，并将其和食品设计有机结合，寓民族优秀传统文化的传承于食品创新与设计之中。

本书适合作为食品类专业创新创业课程的教材，有助于提高学生的创新意识，开拓学生的思维，切实提高学生的实践能力和分析问题、解决问题的能力。本书也填补了目前市场上食品创新类书籍的空缺，可为食品的研发提供新的创意和思路。

本书内容素材均来自安徽省大学生食品设计创新大赛和安徽科技学院国家级、省级、校级大学生创新创业项目作品。感谢江苏科技大学郭元新教授，安徽科技学院郑海波、桑宏庆、张献领、胡鹏丽、刘勇老师，四川旅游学院朱镇华老师，天津海运职业学院胡金朋老师，安徽六安技师学院葛成荡老师，江苏食品药品职业技术学院陈金女老师；感谢纵凯莉、孙厚强、汪燕、张杨昕、郑如星、姜任、葛蒙蒙、曹思、董余洁、王乐成、易思敏、姚昕、夏彩霞、李雅丽、张婧怡、杨山、戚国庆、陈婉薇、陈道存、程奥、季原、郭健龙、王馨苹、田常志、查新睿、白冬阳、陈胜男、唐孝通、汪文娟等同学；王大全、张玉东、陈璐等同学为书稿的撰写做了大量工作，一并表示感谢。感谢安徽省功能农业与功能食品重点实验室（安徽科技学院）的支持！

本书参考了大量文献，在此对文献作者表示感谢。由于时间仓促、作者水平有限，书中难免存在疏漏和不足之处，恳请读者批评指正。

著 者

2023年11月

目　录

项目一　粮油原料类创新产品 ……………………………………………001

　　单元一　姜味麻薯——姜小糯 …………………………………………002

　　单元二　"碧雪丹心"雪媚娘DIY材料 ………………………………007

　　单元三　油皮面鱼 ………………………………………………………012

　　单元四　自热速食面 ……………………………………………………017

　　单元五　腐乳油酥烧饼 …………………………………………………021

　　单元六　福泽烧饼 ………………………………………………………026

　　单元七　福禄华糕 ………………………………………………………030

　　单元八　茶膳饼干 ………………………………………………………035

　　单元九　亚麻籽薄脆饼干 ………………………………………………040

　　单元十　药膳饭 …………………………………………………………045

　　单元十一　黑吖五黑卷 …………………………………………………047

　　单元十二　非你莫"薯"——马铃薯饼预拌粉 ………………………051

项目二　果蔬原料类创新产品 ……………………………………………055

　　单元一　香脆椒 …………………………………………………………056

　　单元二　豉香辣椒酱 ……………………………………………………060

　　单元三　鹅油辣椒酱 ……………………………………………………065

　　单元四　"胃伴侣"饮料 ………………………………………………069

　　单元五　金菊宝豆饮 ……………………………………………………074

　　单元六　桃桃姜橘露 ……………………………………………………077

单元七　蓝莓桑果露 ·· 080

单元八　火龙果豆腐冰淇淋 ·································· 084

单元九　核糖记 ··· 087

单元十　"四色同辉"果蔬披萨 ···························· 091

项目三　禽畜水产原料类创新产品 ···························· 095

单元一　羊肉脯 ··· 096

单元二　低盐高钙肉脯 ·· 100

单元三　风味禽爪 ·· 105

单元四　三味鱼酥 ·· 109

单元五　分子烹饪下的药膳鸡胸肉 ························ 113

单元六　药膳菌菇鸡爪汤 ····································· 116

项目四　产品包装创新设计 ····································· 119

单元一　饴糖包装创新设计 ·································· 120

单元二　一"热"钟情姜恋奶包装创新设计 ············· 127

单元三　免切分凉粉的包装容器创新设计 ··············· 130

单元四　椰饮——0反式脂肪酸奶茶包装创新设计 ····· 132

参考文献 ·· 135

附录　问卷调查表 ·· 137

问卷调查表——姜小糯 ·· 138

问卷调查表——雪媚娘 ·· 140

问卷调查表——油皮面鱼 ····································· 142

问卷调查表——自热速食面 ·································· 144

问卷调查表——豉香辣椒酱 ·································· 146

问卷调查表——福禄华糕 ····································· 148

问卷调查表——三味鱼酥 ····································· 150

项目一

粮油原料类创新产品

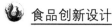

单元一　姜味麻薯——姜小糯

第一节　产品概述

1. 研发背景

糯米食品在我国有着悠久的历史，许多老百姓对糯米食品怀有深厚的感情和文化认同。对他们而言，糯米食品不仅是简单的食物，更是岁月中的情感寄托。2023年9月，蚌埠市人民政府、淮南市人民政府和安徽省农业农村厅在蚌埠共同举办了沿淮糯稻产业集群建设大会，这一活动引起了国内外很多人的关注，糯米产业备受瞩目。

糯米类制品，如汤圆、元宵、麻球、麻薯、粽子、八宝饭、糯米饭团等，是我国常见的以糯米粉或糯米为主要原料制作的传统特色食品。这类食品大多是现做现吃，手工制作较多，产业化生产难度较大，从而限制了糯米食品产业的发展。近年来，"干吃汤圆""麻薯"等预包装糯米食品较为多见，但多为即食产品，其保质期较短，大多在2~3个月。该类产品后期易因淀粉老化导致质地变硬、口感变差，失去商品价值，难以满足市场对糯米食品多样化、便捷化的需求。

随着社会的不断发展，年轻人逐渐成为糯米食品的主要消费人群，他们对美食有着更高的要求，如品种多样、形式创新、口味新奇、营养安全、食用便捷等。但目前市场上糯米类产品种类相对面粉类产品种类较少，新颖的产品形式不多，因此亟待开发糯米新产品。

传统的糯米产品淀粉含量相对较高，膳食纤维含量相对较少，因为糯稻胚乳以支链淀粉为主，占总淀粉含量的98%左右，其中的$\alpha-1,6-$糖苷键不易被水解，从而使糯稻具有强黏性、易糊化、不易老化、不易回生等品质特点。如果在糯米粉中加入高膳食纤维原料，可在降低产品能量密度的同时，提高产品的营养性能，更有助于满足现阶段消费者的需求。

在糯米粉中加入适量果蔬粉，可在补充膳食纤维的同时，补充维生素和矿物质等营养成分，并可赋予产品鲜艳的色泽，从而改善产品特性。例如，生姜是传统的佐味蔬菜，广受我国老百姓喜爱。中医认为，生姜具有祛寒、祛湿、暖胃、加速血液循环等多种功效。在安徽，作为地理标志产品的铜陵白姜，块大皮薄，汁多渣少，香味浓郁，含有维生素B_2、烟酸、维生素C等营养成分。在糯米产品的研制中加入铜陵生姜，可赋予糯米产品更多风味，有利于丰富糯米产品市场的品种供应，促进生姜和糯米产业的发展。

随着人们对食品营养与安全越来越关注，在选择食品时不仅注重色、香、味、形及食用方式，还将营养、安全等因素考虑在内。糯米食品因口感香糯、软滑等特点，再加上多采用水煮、蒸制等热量较低的烹调方式，已成为不同年龄、不同职业、不同地区、具有不同饮食需求人群的优选。

本产品紧跟食品发展潮流，在糯米粉中加入果蔬粉，并且以生姜、山药为馅，打造美味可口、造型可爱、色泽鲜艳且有效延缓产品老化时间的姜味麻薯产品——姜小糯。

2.市场调研报告

为了明确该产品的市场需求，本项目团队前期针对姜味麻薯的研发开展了系列调研工作，共发放了500份调查问卷，收回有效问卷425份。经统计，被调查者中没有听说过糯米产品的消费者有106人（约占25%），尝试食用过糯米产品的消费者有187人（占44%），对糯米产品很熟悉的消费者有132人（约占31%）。消费者对糯米产品的了解情况如图1-1所示。

在对消费者进行糯米产品相关信息的介绍以及进行本系列产品免费品尝推广后，项目团队再次对消费者的购买意向做了一次调查，共发放了500份调查问卷，收回405份有效问卷。经统计，表示不会购买糯米产品的消费者有85人（约占21%），会购买糯米产品的有178人（约占44%），愿意买回家尝试一下的有142人（约占35%）。由此可知，多数消费者对糯米产品的接受程度较高。消费者对糯米产品的购买意向如图1-2所示。

调查发现，消费者对糯米产品相关信息的了解并不全面，但好奇心较重，尤其关注产品的营养成分。多数人对糯米产品兴趣浓厚，均表示愿意购买尝试。糯米产品具有营养丰富、口感软糯等特点，其潜在消费者群体较大。可见此类产品市场推广较易，产品开发前景较好。

在年轻人的消费市场中，领先的食品品牌通常追求时尚、个性化，注重个性表达。年轻人信息交流频繁，消费观念易受同龄人影响，自主意识强烈。他们更喜欢选择营养安全、形式创新、易于食用的新型食品。另外，个人的喜好程度、价格、品牌等也是糯米产品研发、推广要考虑的重要因素。

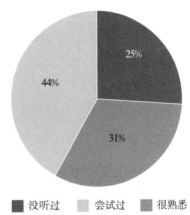

图1-1　消费者对糯米产品的了解情况

没听过　尝试过　很熟悉

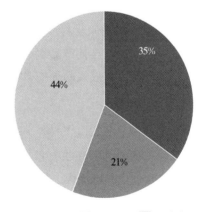

不会购买　会购买　愿意尝试

图1-2　消费者对糯米产品的购买意向

第二节 工艺设计

1. 原料

糯米粉、纯牛奶、白砂糖、果蔬粉、玉米淀粉、黄油、山药、生姜（铜陵白姜）汁等。

2. 工艺流程

工艺流程如图1-3所示。

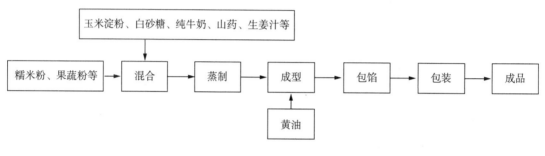

图1-3 工艺流程

3. 操作要点

预处理：将新鲜的胡萝卜、桑葚、红枣洗净切片，放入电热鼓风干燥箱，于65℃条件下干燥12 h，研磨并过100目筛，得到果蔬粉；将山药洗净、去皮、切块，蒸熟后捣碎成泥；将生姜（铜陵白姜）洗净、去皮，通过压榨过滤得到生姜汁。

混合：将各种原料混合均匀。

搅拌：将纯牛奶加入上述原料中，使用打蛋器充分搅拌，直到面团形成一定可塑性的团块为止。搅拌时间不可过长，以免破坏其内部结构。

蒸制：将搅拌好的原材料放入蒸锅中，沸水蒸制15 min。蒸制时间不可过短，否则会出现产品夹生现象，反之会使产品塌陷，严重影响品质。

成型：加入黄油，放入麻薯模具中成型。

4. 感官品质要求

外形：姜味麻薯应具有完整、不破裂的外形，符合一般麻薯应有的形态特征，且无霉变、花色现象。一般为圆柱状，且表面覆有一层薄脆的外皮。其硬度适中，太软会导致产品塌陷，太硬会增加产品咀嚼性，降低产品品质。

色泽：姜味麻薯的颜色应均匀，具有一般麻薯应有的色泽特征。

组织：细腻、紧密，不松散，黏结适宜，具有麻薯特有的组织特征。

口感：姜味麻薯的口感要求香甜、爽滑和清淡，三者相辅相成。香甜应具有醇厚、甜而不腻的特点。爽滑则应该有清爽、柔滑的口感，不可过软，也不要过硬。清淡的口感要求富有糯米、生姜等果蔬的清香味。姜味麻薯应色泽均匀，具有均匀的奶香味，符合当下麻薯所具有的风味和口感。

杂质：姜味麻薯应无可见杂质。

总的来说，姜味麻薯的感官品质要求涵盖了外形、风味、硬度、弹性、咀嚼性和色泽等多个方面，只有这些方面都符合相应的标准，其感官品质才合格。产品的评分标准见表1-1所列。

表1-1　产品的评分标准

项　目	评分标准
外形（20分）	光滑、饱满（15～20分）；较光滑、欠饱满（8～14分）；粗糙、有裂痕、塌陷（1～7分）
风味（20分）	有清香味（15～20分）；无异味（8～14分）；有异味（1～7分）
硬度（10分）	硬度适中（8～10分）；较柔软（4～7分）；较硬（1～3分）
弹性（20分）	指压收缩快（15～20分）；指压收缩一般（8～14分）；指压收缩慢（1～7分）
咀嚼性（20分）	不黏牙（15～20分）；较黏牙（8～14分）；非常黏牙（1～7分）
色泽（10分）	颜色鲜艳且纯正（8～10分）；色泽暗淡、不匀（4～7分）；色泽暗黑、花色（1～3分）

第三节　产品包装设计

1. 产品简介

本产品选用糯米粉、果蔬粉、生姜汁和山药等原料，经过一系列标准化工艺流程制作完成。产品标准统一，方便速食，富含多种维生素和膳食纤维，老少皆宜。

2. 包装设计

食品在包装完成后需要经过堆码、运输等过程才能到达消费者手中，因此食品包装必须具有一定的阻隔性，以防止外部环境中的微生物、尘埃、光、气体和水分进入食品，同时防止食品中的水分、油脂和芳香成分向外渗透。

在选择包装形式和包装材质时还应考虑食品加工和储藏的条件，因此在包装设计时应考虑食品特性和消费者习惯，选择避光、视窗、透明或其他类型的包装。因为光照会导致油脂氧化、天然色素氧化，从而使食品色泽发生变化，并加速维生素B和维生素C的流失，这些物理和化学变化对保证食品质量和营养有负面影响，所以应注意避光。若需要在包装上印刷相应的内容，则需要考虑包装材料的印刷性，如选择易于印刷、造型和着色等材质的包装材料和包装形式。

3. 产品包装展示

姜小糯产品包装如图1-4所示。

图1-4 姜小糯产品包装

第四节 产品创新点

（1）市面上姜味类面点较为少见，本产品将铜陵白姜味辣、不呛的特性与市场上热销的麻薯制品相结合，不仅可以为铜陵白姜的推广提供新思路，还有助于糯米类产品的创新发展。

（2）目前食品染色多为染色剂着色，天然染色剂使用相对较少。本产品选用胡萝卜、桑葚、红枣制成果蔬粉为产品提供缤纷色泽，一方面安全卫生，另一方面可增强产品的营养性能，抑制老化，延长货架期。

（3）山药属于药食同源类食物且属于血糖生成指数（GI）较低的食物，将山药加入麻薯中，可降低麻薯的GI值，更符合当代消费者的需求。

单元二　"碧雪丹心"雪媚娘DIY材料

第一节　产品概述

1.研发背景

雪媚娘是由糯米粉、玉米淀粉、牛奶等为主要原料制作外皮，由奶油、水果（如杧果、火龙果等）、饼干碎等制作内馅而成的糯米粉产品，口感丰富，甜而不腻，颜值极高，特别受消费者欢迎。

随着生活水平的不断提高，人们越来越重视食品的质量与营养。制作造型精致、味美绝伦的食品不仅仅是技能的锻炼，更成为人们的一种兴趣爱好，在制作过程中，人们可以尽情享受放松、快乐的时光。对于喜爱美食的人来说，美食DIY所带来的快乐是无法替代的。老年人喜欢雪媚娘的柔糯口感，年轻人喜欢雪媚娘的可爱造型。雪媚娘的口感和造型还深受小孩子喜爱。因此很多消费者对亲手制作雪媚娘有着浓厚的兴趣，但是在现在快节奏的生活中，人们学习、工作压力大，可用于制作美食的时间越来越少。而且雪媚娘的制作所需原料种类和制作设备、工具较多，制作工艺流程也较烦琐，如多种材料的购置和复杂的原料前处理都需要花费不少时间，这些因素降低了人们制作雪媚娘的积极性，不利于雪媚娘系列产品的发展。

针对现代人们对精美食品DIY制作兴趣浓厚，但制作工艺烦琐、制作困难较多这一现状，雪媚娘DIY材料应运而生。本产品包含雪媚娘预拌粉、鲜花提取液、果丹皮及其他辅料，用一个材料包就可以轻松地制作出雪媚娘，可省去很多准备工作。使用该材料包制作而成的雪媚娘既突出了雪媚娘软糯的口感，还富含果丹皮清爽的风味。将软糯的雪媚娘与开胃爽口的果丹皮相结合，不仅使原食品增添了风味，还使得食品在美观方面上升了一个层次。

不仅如此，材料包使得雪媚娘制作简化，便于上手，可成为亲子活动的优先选择。抛去了烦琐，制作的过程便是纯粹的乐趣享受。特别是父母带着孩子一起制作美食的过程，既是一种亲子游戏，又是一种感情交流。

2.市场调研报告

为了推动雪媚娘的研发及市场推广，本项目团队前期做了市场调研工作。从回收的有效问卷来看，随着生活水平的不断提高，人们对于食品的需求不仅仅是满足于果腹与营养，对于食品种类的多样性、食品表面的美观性以及食用过程中的新奇性等需求也大大提高。

根据问卷调查结果，30~40岁的女性更愿意与孩子一同制作雪媚娘。制作美食不仅是一种技能，也是一种爱好，更是一种亲子游戏。与孩子一同制作美食不仅可以培养孩子的动手能力，增强孩子的创新能力，还可以加强与孩子之间情感的交流。

雪媚娘作为一种极具观赏性、趣味性的美味食品，对年轻人具有特别大的吸引力，特别受20岁以下年轻人的喜爱，大部分年轻人都表示如果有时间会愿意尝试制作雪媚娘。同时，他们表示在制作雪媚娘的整个工艺流程中，原材料的准备最为麻烦。另外，烦琐的制作工艺以及制作后打扫卫生的复杂程度也大大降低了年轻人制作雪媚娘的热情。

因此，从预制材料包对烘焙食品意义的调查来看，更多年轻人把使用预制材料包进行美食DIY看成一种娱乐方式，而非单纯地制作食品。预拌粉简化了前期复杂的准备工作，使消费者更容易制作美食。

第二节　工艺设计

1. 原料

糯米粉、白砂糖、牛奶、黄油、山楂、干玫瑰花、干桂花、蜂蜜、干洛神花等。

2. 工艺流程

"碧雪丹心"雪媚娘DIY材料主要分为洛神花提取液、雪媚娘预拌粉、果丹皮坯料以及干玫瑰花、干桂花等辅料。工艺流程如图1-5所示。

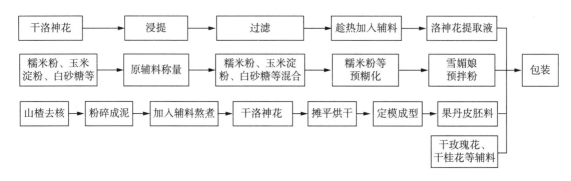

图1-5　工艺流程

第三节　产品包装设计

1.产品简介

本产品选用糯米粉、白砂糖、牛奶、黄油、山楂、干玫瑰花、干桂花、蜂蜜、干洛神花等原料制作而成。尤其是DIY制作的方式，赋予了消费者更多乐趣。

2.包装设计

本产品采用独立小包装，其中牛奶和洛神花浓缩液采用瓶装的形式包装，粉状原料和干花原料采用透明袋装的形式包装。产品外包装采用纸盒透视包装形式，使得产品生动形象，更具童心和乐趣。

3.产品包装展示

在包装内放置雪媚娘制作说明书（见图1-6），消费者拿到材料包后可以根据说明书进行操作。雪媚娘成品如图1-7所示，"碧雪丹心"雪媚娘DIY材料包装如图1-8所示。

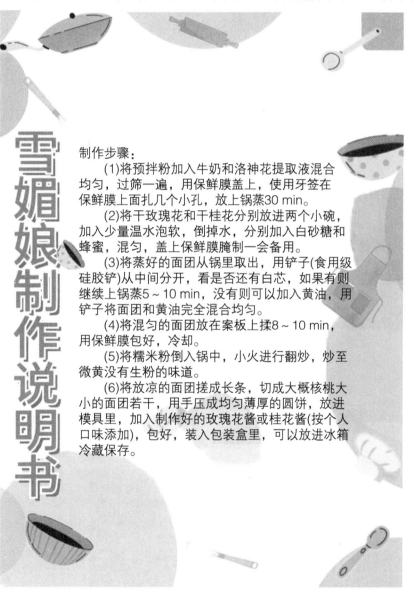

雪媚娘制作说明书

制作步骤：

(1)将预拌粉加入牛奶和洛神花提取液混合均匀，过筛一遍，用保鲜膜盖上，使用牙签在保鲜膜上面扎几个小孔，放上锅蒸30 min。

(2)将干玫瑰花和干桂花分别放进两个小碗，加入少量温水泡软，倒掉水，分别加入白砂糖和蜂蜜，混匀，盖上保鲜膜腌制一会备用。

(3)将蒸好的面团从锅里取出，用铲子(食用级硅胶铲)从中间分开，看是否还有白芯，如果有则继续上锅蒸5～10 min，没有则可以加入黄油，用铲子将面团和黄油完全混合均匀。

(4)将混匀的面团放在案板上揉8～10 min，用保鲜膜包好，冷却。

(5)将糯米粉倒入锅中，小火进行翻炒，炒至微黄没有生粉的味道。

(6)将放凉的面团搓成长条，切成大概核桃大小的面团若干，用手压成均匀薄厚的圆饼，放进模具里，加入制作好的玫瑰花酱或桂花酱(按个人口味添加)，包好，装入包装盒里，可以放进冰箱冷藏保存。

图1-6　雪媚娘产品制作说明书

图1-7 雪媚娘成品

图1-8 "碧雪丹心"雪媚娘DIY材料包装

第四节　产品创新点

（1）食品对于当代人来说拥有了越来越多的含义，制作精美的食品不仅是一项技能，更是一种兴趣爱好。对于喜爱的人来说，美食DIY所带来的快乐并不比打球、下棋之类的传统爱好少。雪媚娘口感好、美观，但是制作的前期准备工作过于复杂，为了消费者能够轻松地制作出可口、美观的雪媚娘，人们联想到了方便面的生产，提出了雪媚娘预拌粉的概念。使用预拌粉能够省去前期烦琐的准备工作，可以根据操作说明制作出雪媚娘，对于喜爱制作美食的人来说，这将会是一种享受。父母带着孩子使用预拌粉一起制作美食，是一场温馨的亲子活动。

（2）与传统烘焙店不同，DIY雪媚娘是一种自主创新的方式，可以让消费者拥有独一无二的美食。这种消费方式不仅激发了消费者的好奇心，也提高了消费者的满意度。体验式消费为消费者提供了一种全新的消费方式，避免了传统市场饱和的现状，还提高了顾客的购买欲望。

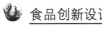

单元三　油皮面鱼

第一节　产品概述

1. 研发背景

近年来，经济快速发展，消费水平不断提高，休闲食品逐渐成为人们的必需消费品。随着营养知识的普及程度越来越高，合理饮食观念深入人心，不少传统休闲食品已然不能满足消费者的需求，新型休闲食品研究正悄然兴起。

霍山油皮面鱼因造型似鱼而得名，但目前仅为家庭作坊制作，操作随意性太强，缺乏统一标准，不利于消费者选用。同时，油皮面鱼制作工艺相对烦琐，造型不一，不利于长途运输及产品推广，故其制作工艺仅为少数民众掌握，其食用人群仅局限于部分区域。

霍山油皮面鱼的关键成分是小麦胚芽，它是小麦制粉过程中的主要副产物之一。小麦胚芽约占小麦籽粒的1.5%～3.9%，是小麦籽粒中营养成分富集的部分。小麦胚芽中富含蛋白质、不饱和脂肪酸、必需氨基酸、维生素、矿物质等，被国内外营养学家誉为"人类天然的营养宝库"，具有调节人体血压、降低血清胆固醇、预防心血管疾病、防止人体动脉硬化等功能。因此，研究人员越来越关注小麦胚芽及其制品对人体健康的影响。

随着社会的发展，人们生活水平不断提高，对面食品种的需求量越来越大，要求越来越高。但目前面食尤其霍山面鱼的产业化发展水平较低，存在着较多亟待解决的问题。学术界对改善小麦胚芽食品品质进行了大量研究，但目前对利用小麦胚芽制作油皮面鱼的相关研究较少，因此如何确定小麦胚芽的最佳添加比例，以提高油皮面鱼的品质是亟待解决的问题。

本产品改变传统制作工艺，巧妙地将小麦胚芽与油皮面鱼结合，打造营养丰富、方便速食的油皮面鱼。本产品的研发对丰富面食品种、调节大众口味、提升特产农产品附加值、提高地方特色食品品牌、推广传统中国饮食文化、推广乡村美食等具有显著的意义。

2. 市场调研报告

为了明确消费者的需求和期望，本项目团队进行了市场调研，共发放了320份调查问卷，收回300份有效问卷。经统计，对油皮面鱼表示熟悉的有10人（约占3%），听说过油皮面鱼的有102人（占34%），不了解的有188人（约占63%）。消费者对油皮面鱼的了解情况如图1-9所示。

在向消费者介绍了油皮面鱼的相关信息以及进行产品免费品尝推广后，再次对消费者的购买意向做了一次调查，共发放了200份调查问卷，收回180份有效问卷。经统计，表示不会买的有10人（约占5%），会买的有50人（约占28%），愿意买回来试试的有120人（约占67%）。由此可知，很多人都愿意尝试一下面鱼新型方便食品。消费者对油皮面鱼产品的购买意向如图1-10所示。

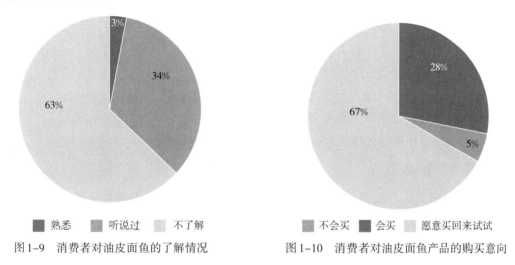

图1-9　消费者对油皮面鱼的了解情况　　　图1-10　消费者对油皮面鱼产品的购买意向

综上所述，消费者对油皮面鱼的了解并不全面，但对该类产品好奇心较重，特别对其营养特色及冷冻方便速食的特点兴趣浓厚，大部分消费者均表示愿意购买尝试。油皮面鱼的潜在消费者群体较大，市场推广较易，产品开发前景较好。

第二节　工艺设计

1. 原料

红薯、红枣、小麦胚芽、鸡蛋、油皮、糯米粉、风味发酵乳等。

2. 工艺流程

工艺流程如图1-11所示。

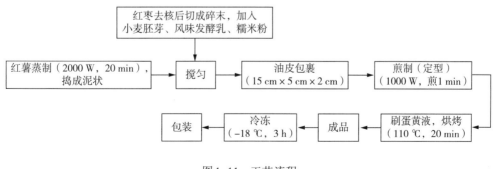

图1-11　工艺流程

3. 操作要点

油皮处理：用20 ℃的水将油皮完全浸泡5 min左右捞出备用。

红薯泥制作：将洗净去皮的红薯切成块状，放入蒸锅中。电磁炉调至2000 W，将红薯蒸20 min左右。当红薯完全熟透后，取出并捣成泥状，然后摊开晾凉。这样做出来的红薯泥口感细腻，香甜可口，让人回味无穷。

调配：将红枣碎末、小麦胚芽、红薯泥、风味发酵乳、糯米粉等混匀。

包裹：将浸泡过的油皮平铺在操作台上，将调配好的原料放在油皮中央，然后将其包裹成长方形（15 cm×5 cm×2 cm）即可。

煎制（定型）：将包裹好的面鱼放在平底锅中煎至两面发黄（1000 W，1 min）。

烘烤：烤箱提前进行预热，温度为110 ℃，将面鱼定型，放入烤箱烤20 min。

冷冻：油皮面鱼出烤箱冷却20 min后放入冰箱速冻。

4. 感官评价标准

对油皮面鱼的风味、外观状态、色泽、弹性、硬度、黏性和咀嚼性等指标进行感官评定，产品的评分标准见表1-2所列。

表1-2　产品的评分标准

项　　目	评分标准
风味（20分）	香味浓厚（16～20分）；香味较淡（9～15分）；有异味（0～8分）
外观状态（20分）	表面完整（16～20分）；稍有破裂（11～15分）；表面破裂（0～10分）
色泽（10分）	色泽光亮（8～10分）；色泽深暗（5～7分）；色泽淡白（0～4分）
弹性（10分）	轻压迅速恢复（8～10分）；轻压不能完全恢复（5～7分）；轻压不能恢复（0～4分）
硬度（10分）	柔软（8～10分）；较硬（5～7分）；非常硬（0～4分）
黏性（10分）	不黏牙（8～10分）；稍黏牙（5～7分）；非常黏牙（0～4分）
咀嚼性（20分）	易咀嚼（16～20分）；不易咀嚼（9～15分）；非常难咀嚼（0～8分）

第三节　产品包装设计

1. 产品简介

本产品选用红薯、红枣、小麦胚芽、鸡蛋、油皮、糯米粉、风味发酵乳等原料，经包裹、煎制（定型）、烘烤等工艺制作而成。产品标准统一，方便速食，烹饪方式灵活多样。

2. 包装设计

包装必须符合食品安全标准，材料必须是食品级别的，并且符合当地相关法规。包装设计应能够吸引消费者的眼球，使得产品在货架上更加显眼。食品在包装完成之后还要经过堆码、运输等过程才能到达消费者手中，因此食品包装应具有一定的强度，以免在流通过程中出现破损的情况。在选择包装时还应考虑食品加工和储藏的条件，本产品为冷冻产品，应在－18 ℃以下保存，因此内包装材料可采用耐低温的聚乙烯材料等。另外，产品应注意避光，故外包装材料可采用铝合聚乙烯材料或纸盒，以更好地保证产品不氧化、不变质。

3. 产品包装展示

油皮面鱼成品如图1-12所示，油皮面鱼产品包装如图1-13所示，油皮面鱼产品标签如图1-14所示。

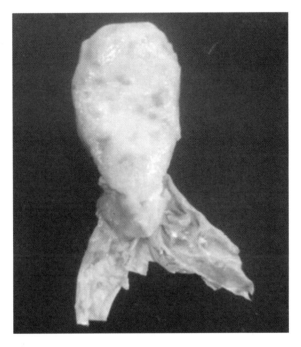

图1-12　油皮面鱼成品

图1-13　油皮面鱼产品包装

产品名称：薯枣小麦胚芽油皮面鱼
配料：红薯、红枣、小麦胚芽、油皮、鸡蛋
糯米粉、风味发酵乳
制造商：XXXXXX
地址：安徽省滁州市
致敏物质信息：本品含有小麦制品、大豆制品以及
蛋制品
生产日期：见包装盒封口处
保质期：3个月
贮藏条件：请于-18℃以下冷冻保存

温馨提示
1. 本品采用冷冻保鲜技术，需要在-18℃以下储存。
2. 速冻半生制品，请加热至熟后食用。
3. 本产品只需在110℃烤箱中烤制3分钟即可食用，或通过煎、蒸、炸等烹调方式加热后食用。

 请保持环境卫生

营养成分表

项目	每100克（g）	营养素参考值%
能量		
蛋白质		
脂肪		
碳水化合物		
钠		

图1-14 油皮面鱼产品标签

第四节 产品创新点

（1）本项目以小麦胚芽、油皮等为主要原料，改变传统烹饪方式，采用先煎后烤的制作工艺研发了可标准化生产、具有安徽特色的油皮面鱼方便食品，填补了面鱼产品的市场空缺。

（2）本产品采用冷冻包装技术，为半成品，方便食用。烹饪方式灵活多样，烤制后表面金黄，外焦里嫩，口感酥脆。

（3）在确保最佳原料比例、制作工艺和风味口感的基础上，项目团队利用推广民间小食和乡村美食的特殊意义，将传统乡村美食标准化、产品化和市场化。

单元四　自热速食面

第一节　产品概述

1. 研发背景

在现代社会，人们生活节奏加快，方便食品市场因其便捷性和即时性而迅速崛起。自热速食面作为其中一种产品，在满足消费者需求方面具有很大的潜力。它可以在没有外部热源的情况下自行加热，因此深受消费者的喜爱。面条的煮制过程虽然较为简单，但需较长的烹调时间，自热速食面条则可打破这一局限性，让食用者在短时间内即可享用美食。

目前市场上存在的自热速食面通常富含碳水化合物，而蛋白质和蔬菜的含量较低。这意味着它们提供的营养物质较少，而热量相对较高，如果人们过多地依赖自热速食面，则可能导致营养不均衡、摄入的能量过多等。许多自热速食面中的面条成分通常并不富含膳食纤维，人体内缺乏膳食纤维可能会导致便秘和其他消化问题。自热速食面中常含有大量的盐或其他调味品，以增加食品的口味，但高盐饮食与高血压和心血管疾病的风险增加相关，过多摄入高盐食物可能会对健康造成负面影响。

本产品改变传统制作工艺，巧妙地将山药等药食同源类原料与面粉结合，打造营养丰富、方便速食的系列自热速食面。市场上多数速食面条中蔬菜含量较少，并不能满足消费者对于蔬菜的需求，而本项目团队研发的搭配多种蔬菜包的速食面条可为消费者提供更多的选择。本项目的开展对于丰富方便面食品种，调节大众口味，推广中国传统饮食文化等具有显著的意义。

2. 市场调研报告

为了明确消费者的需求和期望，本项目团队进行了市场调研，共发放了400份调查问卷，收回326份有效问卷。经统计，没有尝试过自热速食面的有110人，听说过的有123人，尝试过的有93人；对自热速食面的营养价值了解的有20人，不是很了解的有230人，很了解的有11人，不了解的有65人。消费者对自热速食面的了解情况如图1-15所示，消费者对自热速食面营养价值的了解情况如图1-16所示。

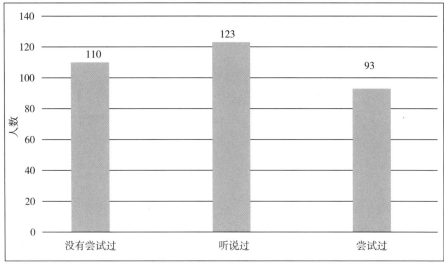

图1-15　消费者对自热速食面的了解情况

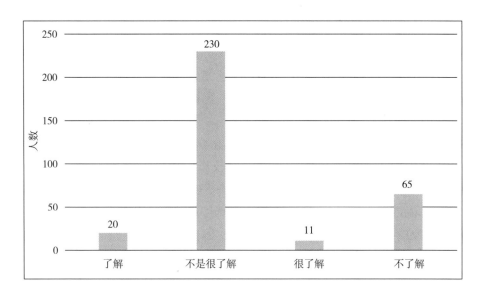

图1-16　消费者对自热速食面营养价值的了解情况

调查结果显示，影响消费者购买自热速食面的主要因素是口味、价格、品牌等。经分析，受调查者对自热速食面的营养价值了解不多，所以营销上需要多下功夫。在重视自热速食面的宣传工作的同时，应研发口味众多、营养丰富的自热速食面，以满足大众的需求。

第二节　工艺设计

1. 原料

高筋小麦粉、土豆、山药、南瓜、菠菜、猪排、辣椒、番茄、鸡腿菇、香菇、金针菇、木耳、银耳、植物油、牛油、牛肉干、胡萝卜、大白菜、海带、豌豆、花生、葱、姜、蒜、香辛料（花椒、香叶、白蔻、草果、茴香、八角、桂皮）、食盐、冰糖、辣椒面、胡椒粉、五香粉、十三香、芝麻、白酒、醋、自热包等。

2. 工艺流程

（1）制作面条。

山药土豆面：将山药、土豆蒸熟，按1：1的比例打碎成泥状，再与高筋小麦粉、食盐混合搅匀，揉成面团，制成面条后，低温烘干包装。

南瓜面：将南瓜蒸熟打碎成泥状，再与高筋小麦粉、食盐混合搅匀，揉成面团，制成面条后，低温烘干包装。

菠菜面：将菠菜和水按照1：3的比例打成泥状，再与高筋小麦粉、食盐混合搅匀，揉成面团，制成面条后，低温烘干包装。

（2）制作调料包。

麻辣骨汤调料包：植物油加热→放入牛油至融化→放入调料熬制→15 min后捞出调料→加入处理好的辣椒碎→小火炒45 min→加入浸泡好的香辛料→加入冰糖→大火翻炒20 min→加入骨汤熬制→冷却→包装。

菌菇骨汤调料包：将菌菇与配料备好洗净→浸泡食材（20 min）→将食材放入锅中，加入骨汤没过食材→小火慢炖→冷却→包装。

番茄骨汤调料包：植物油加热→放入配料煸香→加入番茄块→翻炒→加入调味品→炒至番茄部分融化→加入骨汤→小火慢熬→冷却→包装。

（3）制作菜包：将各类蔬菜洗净→切块（片）→脱水→包装。

（4）花生炒熟，放凉后压碎包装。

（5）植物油加热5 min，加入葱、香辛料炒出香味，加入芝麻、辣椒面、胡椒粉、十三香、五香粉翻炒2 min后，加入白酒、醋，关火拌匀，放凉，包装。

第三节　产品包装设计

1. 产品简介

本产品选用土豆、山药、南瓜和菠菜等原料，配以味道鲜美的调料包，结合自热的形式，打造系列自热速食面。

2. 包装设计

本产品采用自热包装的形式，面条、调料包及配菜采用透明塑料袋分开包装。不同系列、不同口味面条的包装盒封面设计各具特色。

3. 产品包装展示

自热速食面成品如图1-17所示，自热速食面产品包装如图1-18所示。

图 1-17　自热速食面成品

图 1-18　自热速食面产品包装

第四节　产品创新点

（1）以土豆和山药等为主要原料制作的面条色泽诱人，营养价值高，口感佳，在满足消费者口腹之欲的同时，能满足消费者追求营养健康膳食的需求。

（2）每份产品提供多种蔬菜包，并单独包装，为大众提供多种选择。另外，采用低温脱水技术较好地保存了蔬菜的营养价值。

（3）本产品采用自热包包装方式，方便食用。在保证最佳原料比例、制作工艺、风味口感的基础上，结合我国传统面条口味进行创新，可丰富方便面条品种，有利于传承中国优秀饮食文化。

单元五 腐乳油酥烧饼

第一节 产品概述

1. 研发背景

腐乳是我国传统发酵食品之一，具有浓郁的中国特色。据记载，我国早在公元5世纪就出现了腐乳，明代开始大量加工腐乳。如今，腐乳已经发展成具有现代化工艺的发酵食品，正在向低盐化、营养化、方便化、系列化等精加工方向发展。

腐乳不仅保留了大豆原本含有的多种活性物质，如大豆异黄酮和大豆多肽，还含有微生物发酵产生的新型生理活性物质，如γ-氨基丁酸和蛋白黑素。这些物质赋予腐乳一定的保健功能，如抗氧化、降血压、降胆固醇、抗疲劳等。但人们对腐乳的开发利用了解并不多，有很多人对这种中国传统美食存在刻板印象，腐乳的开发利用还存在很大的空间。

蒙城油酥烧饼是安徽蒙城很有名的地方小吃，它的历史可以追溯到150多年前。蒙城油酥烧饼的制作受面团的软硬程度、佐料种类和用量、饼坯的厚薄和长短、油酥涂抹的均匀程度、烤制的温度等因素影响。

人们在购买蒙城油酥烧饼时常会涂抹腐乳，以增加其风味，但是涂抹的量不易控制，常出现涂抹量过多或过少或涂抹不匀的情况，而且操作时极不方便，也不卫生。

腐乳油酥烧饼既凸显了蒙城油酥烧饼"酥、香、薄、脆"的特点，还丰富了烧饼口味。烧饼表面微微透出腐乳的颜色，使香酥可口的烧饼更有视觉冲击力，可刺激消费者的食欲。

2. 市场调研报告

为了明确消费者的需求和期望，本项目团队进行了市场调研，共发放了300份调查问卷，收回272份有效问卷。经统计，不知道腐乳油酥烧饼的有110人，听说过的有123人，知道的有39人。

在向消费者介绍了腐乳油酥烧饼的相关信息及开展产品免费品尝推广活动后，针对消费者的购买意向做了一次调查，共发放了350份调查问卷，收回320份有效问卷。经统计，支持腐乳油酥烧饼研发的有98人，不支持的有109人，视情况而定的有113人。由此可知，人们对腐乳油酥烧饼的研发持积极态度。消费者对腐乳油酥烧饼的了解程度如图1-19所示，消费者对腐乳油酥烧饼研发的支持程度如图1-20所示。

调查结果表明，方便食用、价格便宜、味道好吃等是消费者购买油酥烧饼时非常在意的因素。腐乳油酥烧饼可主攻休闲消费市场，应加强产品建设，使其成为主流休闲消费食品。

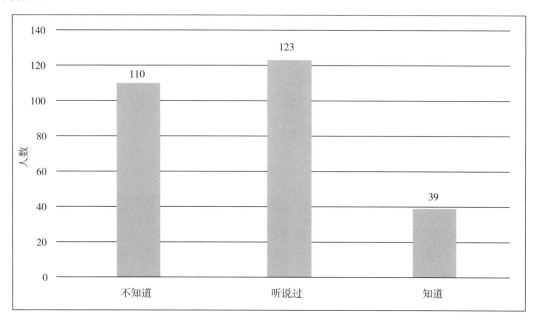

图1-19　消费者对腐乳油酥烧饼的了解程度

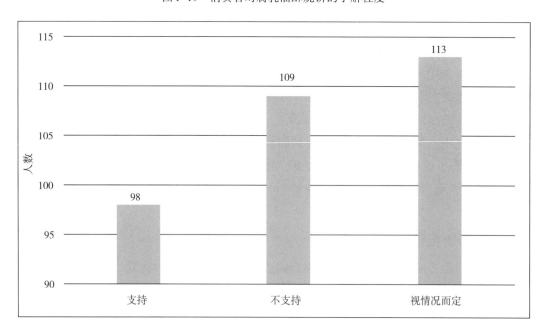

图1-20　消费者对腐乳油酥烧饼研发的支持程度

第二节　工艺设计

1. 原料

小麦粉、发酵粉、食用油、食盐、精炼猪油、腐乳、大葱、鸡蛋、芝麻等。

2. 工艺流程

工艺流程如图1-21所示。

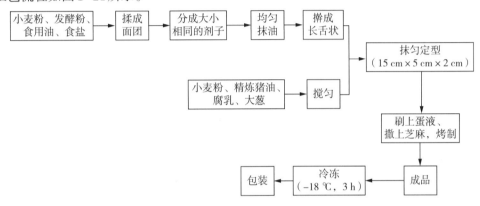

图1-21　工艺流程

3. 操作要点

面团的制作：小麦粉、发酵粉、食用油、食盐搅拌均匀，揉成面团。

油酥的制作：精炼猪油、小麦粉、大葱、腐乳搅拌均匀。

烧饼坯的制作：将面团擀成长舌状，慢慢卷起来，再次擀成长舌状，放入制好的油酥再定型（15 cm×5 cm×2 cm）。

冷冻：将烤制好的油酥烧饼放入−18 ℃的冰箱冷冻3 h，即可包装。

4. 感官评价标准

产品的评价标准见表1-3所列。

表1-3　产品的评价标准

项　目	评价标准
色　泽	色泽鲜亮，表面光泽
气　味	有着烧饼的特有香味及腐乳的香味
口　感	酥脆鲜香，腐乳咸辣有层次
形　态	形状丰满，大小均匀、整齐，厚薄一致
组织结构	内部结构紧密，层层酥脆

第三节 产品包装设计

1. 产品简介

本产品选用小麦粉、发酵粉、食用油、食盐、精炼猪油、腐乳、大葱、鸡蛋和芝麻等原料，经揉面团、分剂子、擀面团、定型、烤制等工艺制作而成，风味独特，具备"酥、香、薄、脆"的特点，具有一定的地域特征。本产品营养丰富，老少皆宜，吃起来香酥可口，回味无穷。产品标准统一，方便速食，烹饪方式灵活多样。

2. 包装设计

因本产品为冷冻产品，应在−18 ℃以下保存，内包装材料应采用耐低温的聚乙烯材料或复合纸板。本产品应注意避光，故外包装材料可采用铝合聚乙烯材料或纸盒，以更好地保证产品不氧化、不变质。如需在包装上印制相关内容，要注意包装材料的印刷性能。

3. 产品包装展示

腐乳油酥烧饼产品包装如图1-22所示。

图1-22 腐乳油酥烧饼产品包装

第四节 产品创新点

（1）将腐乳与蒙城油酥烧饼巧妙地结合，研发出具有中国饮食文化特色的腐乳油酥烧饼，技术和配方独特。本产品还未有系统的报道，具有一定的新颖性。

（2）对油酥烧饼的口感进行了改进创新，对人们的消费心理、消费习惯和消费行为产生了积极影响，可以更好地满足不同地区、不同年龄段的消费者需求。

单元六　福泽烧饼

第一节　产品概述

民以食为天，食以营养为先。人们的生活水平在不断提高，每天所食用的食物会有所不同，因此方便食品成了人们的一大选择。但是市面上可供选择的方便食品的品种不多，多为油炸、膨化类食物，营养方面跟不上。方便食品的市场占比较小，生产技术不完善。

面食含有丰富的蛋白质、脂肪和碳水化合物等，适量食用面食能够补充人体所需的能量，还能补充一定的营养成分。面食容易消化，具有健脾养胃的功效，适合脾胃虚弱的人食用。

本项目主要对烧饼面团、酱料等进行配方优化和工艺研究，开发可快速成熟、烹调时间短、便于运输、可批量化生产的烧饼，以满足人们的饮食需求，为中国特色面点产品的产业化开发及市场开拓奠定坚实基础，传承中国特色传统饮食文化。

人们的健康意识越来越高，在饮食方面更加注重绿色及营养，因此本产品融合了药食同源的理念，提高了产品的营养价值，更好地满足了消费者的需求。本产品分为"果脯山药"款和"玫瑰佳人"款，造型上采用中点西做的方式，制作的产品形似面包，却又不是面包，特色鲜明。

第二节　工艺设计

1. 原料

小麦粉、橄榄油、富硒高钙羊奶粉、赤藓糖醇、亚麻籽油、高铁奶粉、山药、鸡蛋、山楂、腰果、黑芝麻、黑米、黑豆、桑椹、黑荞麦、桂圆、红枣、阿胶、何首乌、玫瑰花、葡萄干、蔓越莓、百花蜜、食盐、食用油、酵母粉等。

2. 工艺流程

"玫瑰佳人"款馅料制作：将黑芝麻、黑米、黑豆、桑椹、黑荞麦、桂圆、红枣、阿胶、何首乌、玫瑰花等粉碎，加百花蜜调味即可。

面团制作和烤制：称取原料，混匀，适当搅拌一段时间后倒入称量好的食用油，再制成表面光滑的面团，放入发酵箱中发酵；包馅塑形后在室温下醒发，保持面团表面湿润，放入烤箱烤制，待其冷却后取出置于室温下即可。

"果脯山药"款福泽烧饼的工艺流程如图1-23所示，其原料及馅料分别如图1-24、图1-25所示。

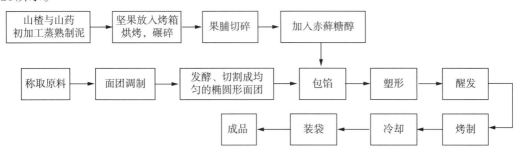

图1-23 "果脯山药"款福泽烧饼的工艺流程

图1-24 "果脯山药"款福泽烧饼的原料

图1-25 "果脯山药"款福泽烧饼的馅料

"玫瑰佳人"款福泽烧饼的工艺流程如图1-26所示，其原料及馅料分别如图1-27、图1-28所示。

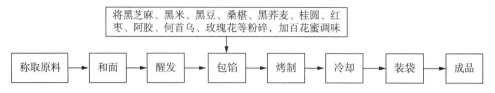

将黑芝麻、黑米、黑豆、桑椹、黑荞麦、桂圆、红枣、阿胶、何首乌、玫瑰花等粉碎，加百花蜜调味

称取原料 → 和面 → 醒发 → 包馅 → 烤制 → 冷却 → 装袋 → 成品

图1-26　"玫瑰佳人"款福泽烧饼的工艺流程

图1-27　"玫瑰佳人"款福泽烧饼的原料

图1-28　"玫瑰佳人"款福泽烧饼的馅料

第三节　产品包装设计

1.产品简介

　　"果脯山药"款福泽烧饼的馅料选用养胃的山药、开胃的山楂等原料制作而成，易于消化吸收。"玫瑰佳人"款福泽烧饼的馅料采用了由黑芝麻、黑米、黑豆、桑椹、黑荞麦（"五黑原料"）等，搭配玫瑰花、阿胶等材料，经百花蜜调味而成，口感丰富。

2.包装设计

本项目研发的烧饼包装有常温普通包装和低温速冻包装等不同形式，每个烧饼独立包装。其中速冻包装的烧饼，内包装采用透明塑料袋，外包装采用纸盒，以方便运输及储存。

3.产品包装展示

福泽烧饼成品如图1-29所示，福泽烧饼产品包装如图1-30所示。

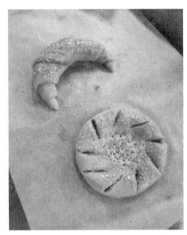

图1-29　福泽烧饼成品

图1-30　福泽烧饼产品包装

第四节　产品创新点

（1）"果脯山药"款：饼皮面团采用了优质的橄榄油以及富硒高钙羊奶粉等原料，馅料采用了多种坚果、果脯以及开胃的山楂、养胃的山药等原料，营养丰富。

（2）"玫瑰佳人"款：饼皮面团采用了营养、健康、低脂的亚麻籽油和高铁奶粉等原料，馅料采用了"五黑原料"、阿胶、何首乌、玫瑰花等原料，口感丰富。

单元七　福禄华糕

第一节　产品概述

1. 研发背景

随着社会经济的发展，人们对于带有地方特色的产品的需求量在不断增加，一些新型的糕点也在不断地涌现。当前人们对饮食营养安全的关注程度越来越高，药食同源的概念深入人心，新型药食同源的方便产品逐渐兴起。

福禄华糕是一种传统的糕点，具有悠久的历史和文化背景。它源自我国南方地区，是我国传统的糕点之一。在不同的地区，福禄华糕可能有着不同的制作方法和口味特点。

在我国传统文化中，食物常常有着象征意义，福禄华糕也不例外。它常被视为一种吉祥的象征，代表着对美好生活的向往和祝愿，其名字中的"福禄"寓意着幸福和富贵，因此福禄华糕也常常被用于节庆之时或送礼表示祝福。

随着时间的推移和文化的传承，福禄华糕在不同地区逐渐演变出了各具特色的制作方法和口味。在现代社会，福禄华糕仍然是人们喜爱的传统美食之一，也成了我国传统文化的一部分。

福禄华糕通常是以糯米粉、澄粉、红豆、莲蓉等为主要原料制成，形状多样，有圆形、长方形等。澄粉面团色泽洁白，呈半透明状。用澄粉制作出来的产品，晶莹剔透，细腻柔软，拥有蒸制品爽滑、炸制品脆香的特点。

目前市面上的澄粉类产品做法不一，如何实现澄粉类产品制作的标准化、如何结合药食同源原料开发营养丰富的新产品等值得深思。本产品经过不断试验，最终采用富有浓厚徽文化特色的色彩和造型，以传承安徽优秀饮食文化。本产品的研发对于丰富乡村美食，推广中国传统饮食文化等都有重要意义。

2. 市场调研报告

为了知晓消费者对澄粉类产品的了解情况，本项目团队进行了市场调查，共调查了400名消费者。经统计，受调查者中，了解澄粉类产品的只有50人，听过的有50人，没听过的有300人。消费者对澄粉类产品的了解情况如图1-31所示。

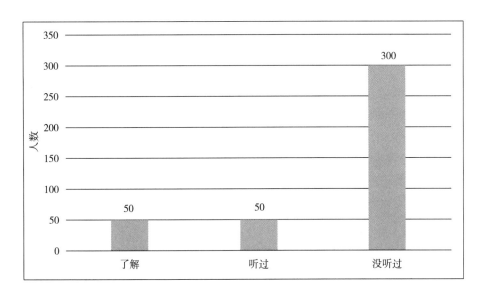

图1-31 消费者对澄粉类产品的了解情况

在调查的同时，我们还有针对性地发放了一些资料，给消费者普及了一些澄粉类产品的知识，并针对部分受访者进行了更深层次的问卷调查，共发放了300份调查问卷，收回260份有效问卷。经统计，表示不愿意买澄粉类产品的有20人，愿意试试的有160人，愿意买的有80人。由此可知，消费者对澄粉类产品的接受程度很高。消费者对澄粉类产品的购买意向如图1-32所示。

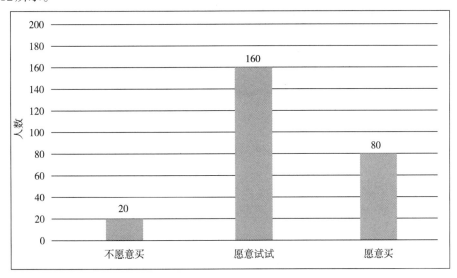

图1-32 消费者对澄粉类产品的购买意向

接受调查的消费者对澄粉类产品的了解不全面，但好奇心比较重，对其制作有着浓厚的兴趣。大部分消费者都表示愿意购买澄粉类产品，因此，其潜在消费群体较大，产品开发前景较好。

第二节 工艺设计

1. 原料

澄粉、糯米粉、面粉、瓜蒌子粉、红枣粉、小麦胚芽、蓝莓粉、蜂蜜、炼乳、白砂糖、牛奶、黑芝麻等。

福禄华糕部分原料如图1-33所示。

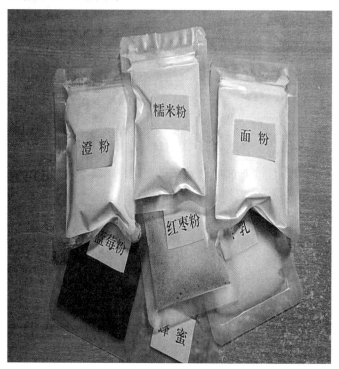

图1-33 福禄华糕部分原料

2. 工艺流程

工艺流程如图1-34所示。

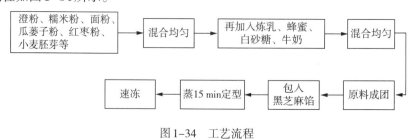

图1-34 工艺流程

3. 操作要点

瓜蒌子粉制作：将瓜蒌子油炸后粉碎，过筛。

红枣粉制作：将红枣去核，放入电热鼓风干燥箱中，在 70 ℃下烘烤 2 h，然后加热至 120 ℃，持续 20 min，取出后冷却至室温，再用研磨机研磨成粉末，装入密封袋中备用。

调配：将澄粉、糯米粉、面粉、瓜蒌子粉、红枣粉、小麦胚芽等混合均匀，再加入炼乳、黑芝麻、蜂蜜、白砂糖、牛奶等混合均匀。

包裹：将做好的面团摊平，将黑芝麻馅放至面团中央位置，用磨具压制成型即可。

定型：将上述糕点放进蒸锅中蒸制 15 min。

冷冻：将糕点冷却 20 min 后放入冰箱速冻。

4. 感官评价标准

对糕点的风味、外观状态、色泽、弹性、硬度、黏性和咀嚼性等指标进行感官评定，产品的评分标准见表 1-4 所列。

表 1-4 产品的评分标准

项　目	评分标准
风味（20分）	香味浓厚（16~20分）；香味较淡（9~15分）；有异味（0~8分）
外观状态（20分）	表面完整（15~20分）；稍有破裂（11~15分）；表面破裂（0~10分）
色泽（10分）	色泽光亮（8~10分）；色泽深暗（5~7分）；色泽淡白（0~4分）
弹性（10分）	轻压能迅速恢复（8~10分）；轻压不能完全恢复（5~7分）；轻压不能恢复（0~4分）
硬度（10分）	柔软（8~10分）；较硬（5~7分）；非常硬（0~4分）
黏性（10分）	不黏牙（8~10分）；稍黏牙（5~7分）；非常黏牙（0~4分）
咀嚼性（20分）	易咀嚼（16~20分）；不易咀嚼（9~15分）；非常难咀嚼（0~8分）

第三节　产品包装设计

1. 产品简介

本产品选用澄粉、糯米粉、面粉、瓜蒌子粉、红枣粉、小麦胚芽、蓝莓粉等原料，经过揉面、制馅、定型等一系列的工艺流程制作而成。产品标准统一，制作方法简单，食用方法多样。

2. 包装设计

本产品为低强度、易损坏的产品，应充分考虑包装的防护性能。另外，在选择产品的包装材料时考虑到避光，故可采用铝合聚乙烯或纸盒包装，以确保产品不变质。本产品贮存多以堆放为主，应检查包装物的抗压强度。产品的二维码包含产品的原料、制作工艺和烹调方式等信息，消费者可使用手机扫描二维码以更全面地了解相关信息。另外，后期将不断丰富产品相关图片、视频等内容，为消费者提供持续性的服务。

3. 产品包装展示

福禄华糕成品如图1-35所示，福禄华糕产品外包装如图1-36所示。

图1-35　福禄华糕成品

图1-36　福禄华糕产品外包装

第四节　产品创新点

（1）本产品选用澄粉、糯米粉、面粉、瓜蒌子粉、红枣粉、蓝莓粉等原料，以黑芝麻为馅料，打造营养丰富的新型食品。

（2）本产品融入了徽文化，徽派食品特色鲜明，提高了徽式糕点的影响力，可作为乡村美食来推广，能够提高产品的附加值及竞争力。

单元八　茶膳饼干

第一节　产品概述

我国是茶的发源地，也是产茶大国，茶文化历史悠久。茶膳是将茶叶应用于饮食中，创造出茶粥、茶饭、茶菜、茶饮料等全新的膳食形式。茶膳是在饮茶的基础上发展而成的一种新的饮食方式，也是对中国茶文化的传承和发展。在膳食或食品加工中添加茶叶，可提高人们的食欲，同时可提高茶叶的经济附加值。例如，可以利用茶叶制作茶面包，茶叶的化学成分可以增加面团的体积，增强面包的抗腐蚀和抗降解能力。

由于茶叶的消费量越来越大，消费群体越来越广，目前有关茶叶在食品工业中应用的研究也越来越多。茶叶可用于制作饮料、乳制品、烘焙食品、调味品、化妆品和保健品等。茶类食品除了能增进食欲外，还具有低脂肪、低糖、高营养和口感细腻等特点，是天然的绿色休闲食品。

茶膳饼干的研发主要是为了满足消费者对传统茶文化的需求。随着人们生活水平的提高，健康、营养、美味的食品越来越受到人们的青睐，因此茶膳饼干的市场前景广阔。此外，茶膳饼干的生产工艺简单，成本较低，适合大规模生产，具有较高的经济效益。

第二节　工艺设计

1. 原料

黄油、糖粉、鸡蛋、低筋面粉、干茶叶、食盐、赤藓糖醇、异麦芽酮糖醇（又称艾素糖）、食用色素等。

2. 工艺流程

工艺流程如图1-37所示。

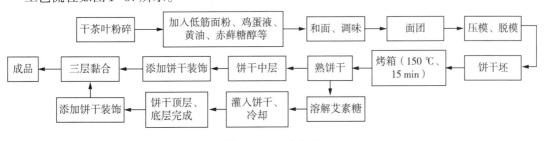

图1-37　工艺流程

3. 制作方法

1）制作饼干底

（1）将黄油在室温条件下进行软化，把鸡蛋液搅拌均匀。

（2）加入赤藓糖醇，打发至蓬松。

（3）鸡蛋液分三次加入，每次在充分融合之后再添加鸡蛋液。

（4）加入食盐，筛入低筋面粉，揉成面团。

（5）包上保鲜膜放入冰箱冷藏，松弛1 h。

（6）从冰箱拿出面团稍稍回温，在保鲜膜上擀开，放入冰箱冷藏10~15 min。

（7）取出冷藏好的面饼，用模具压出镂空樱花的形状并转移到烤盘上。

（8）烘烤：烤箱预热，150 ℃烤15 min。

（9）烤完放烤架上冷却。

（10）饼干配对：找到同色、大小差不多、孔的位置差不多的三块饼干作为一组，厚的那块放中间备用，表面最平整的一块放在顶上，加点装饰，剩下的一块放底下。

2）制作糖霜

（1）糖粉过筛至少1次。

（2）鸡蛋清放入无水无油的打蛋盆，加入糖粉后用刮刀轻轻拌匀。

（3）用电动打蛋器以最低速打到糖霜的颜色洁白光亮。

（4）分成几部分拌入食用色素，加到裱花袋里。

（5）装饰顶层饼干：饼干底先用粉色糖霜铺面，等干了变硬以后用偏硬的糖霜勾出外边，画出花芯。

（6）保留一部分糖霜作为黏合剂黏合三层饼干。

3）制作糖珠

（1）顶层饼干和底层饼干放在锡纸或者油纸上。

（2）艾素糖放入小锅，加入水，中小火熬制。

（3）温度达到165 ℃时关火。

（4）糖浆倒入一次性纸杯中等待约30 s，用牙签挑一下气泡。

（5）在挖空的地方倒入糖浆，形成一层透明"玻璃层"。

4）合体

（1）底层表面挤上一些糖霜，盖上中间层。

（2）干了以后加入适量糖珠，在中间层表面挤上糖霜，盖上顶层。

4. 操作要点

（1）烘烤时应经常观察，当饼干变黄即可出炉，以免烤焦。

（2）烘烤炉内温度下降后，可把饼干移入炉内，并用大火烘烤，这样饼干又干又脆，取出冷却即可食用。

（3）每次使用后一定要把炉内残余的饼干碎渣清除干净，以避免影响饼干的口感。

（4）饼干的回软现象可以通过缩短烘烤时间和提高烘烤温度来避免。

5. 感官评价标准

从茶膳饼干的外形、色泽、口感、香气及组织形态等方面进行感官评价，产品的评分标准见表1-5所列。

表1-5　产品的评分标准

项　　目	评分标准
外形（20分）	无焦痕或碎屑，厚度均匀，表面光滑平整（16～20分）；厚度均匀，表面光滑，焦痕极少，无碎屑（8～15分）；外观粗糙，厚度不规则，焦痕明显，有碎屑（0～7分）
色泽（15分）	色泽光亮（16～20分）；色泽深暗（8～15分）；色泽淡白（0～7分）
口感（25分）	不黏牙，质地光滑，无碎屑（21～25分）；口感细腻且有些颗粒，略有黏附性，质地清脆略显粗糙（11～20分）；质地过于坚硬，口感颗粒明显，有黏附性（0～10分）
香气（25分）	具有焦糖香气和茶香（21～25分）；具有焦糖香气但并无茶香（11～20分）；既无焦糖香气也无茶香（0～10分）
组织形态（15分）	结构酥松，有小孔（11～15分）；结构略紧实，偶见大孔（6～10分）；结构不均匀，大孔较多（0～5分）

第三节　产品包装设计

1. 产品简介

本产品是以干茶叶、低筋面粉、赤藓糖醇、食用色素（如仙人掌果粉、桑葚粉）、鸡蛋等为主要原料，结合其他辅料，采用多种调味方式及相关工艺制作而成的营养保健型茶类休闲食品。在技术成熟的情况下，本产品可进行工业化生产，并可进行线上线下销售，让更多的人能够吃到营养、健康的茶类休闲食品。

2. 包装设计

产品包装在保护产品品质、延长产品保质期的同时，也起到宣传产品、吸引消费者的作用。本产品采用封闭式包装，这种包装能够有效隔绝空气和湿气，延长饼干的保质期。一般会使用胶带封口以确保包装完整。本产品使用多层包装，可避免因挤压造成碎裂，也可避免外界温度或湿度的变化对产品造成影响。

包装上印有品牌标识、产品名称、营养成分表、净含量等信息，同时印有吸引消费者的彩色图案。精心设计的包装可以为产品增添视觉上的吸引力，提升消费者的购买欲望。

3. 产品包装展示

茶膳饼干成品如图1-38所示，茶膳饼干产品包装如图1-39所示。

图1-38　茶膳饼干成品

图1-39　茶膳饼干产品包装

第四节　产品创新点

（1）添加茶粉后，饼干的风味和口感都得到了改善。茶粉的添加降低了饼干中油脂和蛋白质凝胶之间的结合力，使饼干的硬度降低，口感更好。此外，茶粉能有效防止水分迁移，并具有较高的保水能力，从而提高了饼干的硬度、嚼劲和酥脆度。

（2）添加一定量的茶粉可以延长饼干的保质期。微生物检测中茶膳饼干的菌落总数、大肠菌群及霉菌数量均显著低于普通饼干，茶粉的添加增强了饼干的抗氧化性以及抗微生物能力。

（3）高温速烤的方式大大提高了饼干中茶叶营养成分的保存率，提高了饼干的营养价值。饼干中的茶叶成分具有提神醒脑的功效，能够兴奋中枢神经，缓解疲劳，提高工作效率。

（4）在传统饼干制作工艺的基础上，添加茶粉、食用色素等，使饼干口感更加丰富，外形更加美观，食用更加健康。

（5）使用赤藓糖醇代替饼干中的一部分糖分，可以尽可能减少糖对人体健康的不利影响。

单元九　亚麻籽薄脆饼干

第一节　产品概述

1. 研发背景

近年来，随着生活水平的提高，人们的膳食结构发生了很大的变化，高糖、精制谷物、高钠膳食的大量摄入导致相关的慢性病发病率呈上升趋势，亟待研发更加健康、美味的食品。

亚麻籽富含蛋白质、膳食纤维、不饱和脂肪酸、维生素和矿物质等营养成分，能够调节血脂，改善消化能力。随着人们对健康饮食的关注度增加，以天然、营养为卖点的健康食品越来越受欢迎，亚麻籽由于其营养价值而备受瞩目。传统饼干以小麦粉为主要原料制作而成，能量密度大，营养价值相对较低，而亚麻籽薄脆饼干是一种以亚麻籽为主要添加物的薄脆型饼干，具有丰富的营养价值和独特的口感。

本项目以亚麻籽为主要添加物，搭配水果、蔬菜等原料，对饼干的配方和工艺进行优化，研发系列薄脆亚麻籽饼干，不仅可以丰富饼干市场，还能提高亚麻籽的附加值，对于促进亚麻籽产业发展，促进乡村振兴具有重要的意义。

2. 市场调研报告

根据调查，很多中年人没有尝试过亚麻籽饼干，而青少年对亚麻籽饼干更为青睐。口感丰富、方便食用、价格便宜、造型好看和包装美观是消费者购买亚麻籽饼干的主要影响因素。

第二节　工艺设计

1. 原料

低筋小麦粉、亚麻籽、荞麦粉、米粉、亚麻籽油、蜂蜜、鸡蛋、桑葚干、南瓜、菠菜、香蕉、牛奶、芝麻等。

2. 工艺流程

1）亚麻籽薄脆饼干（南瓜味）

配方：亚麻籽、南瓜、低筋小麦粉、蛋黄、亚麻籽油、蜂蜜、芝麻等。

亚麻籽薄脆饼干（南瓜味）的工艺流程如图1-40所示。

图1-40　亚麻籽薄脆饼干（南瓜味）的工艺流程

2）亚麻籽薄脆饼干（香蕉牛奶味）

配方：亚麻籽、牛奶、香蕉、低筋小麦粉、蛋黄、亚麻籽油、蜂蜜、芝麻等。

亚麻籽薄脆饼干（香蕉牛奶味）的工艺流程如图1-41所示。

图1-41　亚麻籽薄脆饼干（香蕉牛奶味）的工艺流程

3）亚麻籽薄脆饼干（荞麦菠菜味）

配方：亚麻籽、菠菜、低筋小麦粉、荞麦粉、蛋黄、亚麻籽油、蜂蜜、芝麻等。

亚麻籽薄脆饼干（荞麦菠菜味）的工艺流程如图1-42所示。

图1-42　亚麻籽薄脆饼干（荞麦菠菜味）的工艺流程

4）亚麻籽薄脆饼干（桑葚味）

配方：亚麻籽、桑葚干、低筋小麦粉、米粉、蛋黄、亚麻籽油、蜂蜜、芝麻等。

亚麻籽薄脆饼干（桑葚味）的工艺流程如图1-43所示。

图1-43　亚麻籽薄脆饼干（桑葚味）的工艺流程

3. 操作要点

（1）配方要精确。

（2）烘烤温度和烘烤时间要精确。

（3）饼干压制的厚度要薄而匀。

（4）在烤制亚麻籽饼干前，要提前预热烤箱30 min。

4. 感官评价标准

对亚麻籽薄脆饼干的色泽、气味、口感、形态和组织结构进行感官评定，产品的评价标准见表1-6所列。

表1-6　产品的评价标准

项　目	要　求
色　泽	色泽鲜亮
气　味	有香蕉、牛奶、南瓜、菠菜或桑葚等的清香
口　感	薄而香脆，有嚼劲
形　态	饱满，大小均匀，整齐
组织结构	内部结构均匀，无松散破碎

第三节　产品包装设计

1.产品简介

本系列产品选用优质亚麻籽和低筋小麦粉等原料，采用烘烤的方式制作而成，片薄香脆，味美鲜香。本系列产品有南瓜味、香蕉牛奶味、荞麦菠菜味和桑葚味等不同口味。

2.包装设计

产品的内包装采用塑料袋包装，外包装采用纸盒包装。外包装上的二维码包含产品的原料、制作工艺、产品包装等信息，消费者可使用手机描二维码以全面地了解相关信息。另外，后期将不断丰富产品相关图片、视频等内容，为消费者提供持续性的服务。

3.产品包装展示

亚麻籽薄脆饼干（桑葚味）成品如图1-44所示，亚麻籽薄脆饼干（南瓜味）成品如图1-45所示，亚麻籽薄脆饼干产品包装如图1-46所示。

图1-44　亚麻籽薄脆饼干（桑葚味）成品

图 1-45　亚麻籽薄脆饼干（南瓜味）成品

图 1-46　亚麻籽薄脆饼干产品包装

第四节　产品创新点

（1）本产品以低筋小麦粉、亚麻籽、荞麦粉、米粉、亚麻籽油、蜂蜜、鸡蛋、桑葚干、香蕉、南瓜、菠菜、牛奶、芝麻等为主要原料，创新了配方，丰富了亚麻籽休闲食品的种类。

（2）本产品采用密封小包装，开袋即食，外出携带方便。

（3）本产品在保证最佳原料比例、制作工艺、风味口感的基础上，以健康零食替代高糖高油零食，促进零食达到标准化、产业化、市场化，同时拓宽了亚麻籽和相关农产品的销售渠道。

单元十　药膳饭

第一节　产品概述

随着社会的高速发展，新型食品不断涌现，如速食米饭等，但目前市面上药食同源的速食饭类产品相对较少。

本产品用当归、黄芪与鸭架一同熬制的药膳汤，再与发芽糙米、黑米、赤小豆、荞麦等制作成药膳饭，对于新型食品的研发具有一定的促进作用，在创建新的速食米饭品牌，推广传统中国饮食文化等方面有显著的意义。

第二节　工艺设计

1. 原料

发芽糙米、黑米、赤小豆、荞麦、高粱米、大米、鸭架、黄芪、当归等。

2. 工艺流程

工艺流程如图1-47所示。

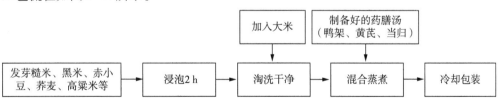

图1-47　工艺流程

第三节　产品包装设计

1. 产品简介

本产品以谷物为主要原料，搭配营养丰富的药膳汤，扩宽了速食米饭的种类，丰富了米饭的市场。

2. 包装设计

本产品内包装采用真空包装形式，外包装采用盒装，携带方便，便于食用。

3. 产品包装展示

药膳饭成品如图1-48所示，药膳饭产品包装如图1-49所示。

图1-48　药膳饭成品

图1-49　药膳饭产品包装

第四节　产品创新点

（1）谷物作为主要原料，加入鸭架、黄芪、当归煮制的药膳汤，营养价值更高。食借药力，药助食功，综合利用药食同源材料。

（2）本产品开发多元化系列产品，种类丰富。

（3）携带方便，加热时间短，便于食用。

单元十一　黑吖五黑卷

第一节　产品概述

1. 研发背景

随着人们生活水平的不断提升，注重营养、关注健康已成为科学生活的一种趋势。国内外掀起了一股黑色食品风潮，黑米、黑荞麦、黑豆、桑椹、黑芝麻、黑木耳、紫菜、海参、海带等食品越来越受到人们的青睐。由于具有较高的营养成分和保健功效，黑色食品已成为食品和医药行业的热门。研究表明，黑色食品中含有天然黑色素、蛋白质、氨基酸、微量元素和维生素等，能调节人体的某些生理功能，是制造天然保健食品的原料。

目前，国内对黑色食品的开发利用较广泛，产品种类丰富，包括黑面包、黑米饼干、黑米粉丝、黑芝麻糊、黑米八宝粥、芝麻黑豆酸奶、黑豆浆、黑米馒头、黑米冰淇淋、黑豆素肉松、黑豆素肉馅等。本项目团队利用黑色食品、面粉等制作了五黑卷，风味独特，营养价值高。

2. 市场调研报告

本项目团队共发放了320份调查问卷，收回300份有效问卷。经统计，不知道五黑卷的有190人（约占63%），听过五黑卷的有101人（约占34%），知道五黑卷的有9人（占3%）。消费者对五黑卷的了解情况如图1-50所示。

在向消费者介绍了五黑卷的相关信息及推广产品免费品尝后，本项目团队针对消费者对五黑卷的购买意向做了一次调查，共发放了200份调查问卷，收回180份有效问卷。经统计，表示不会买的有9人（占5%），会买的有50人（约占28%），愿意买回来试试的有121人（约占67%）。由此可知，很多人都愿意尝试五黑卷方便食品，因此该产品前景较好。消费者对五黑卷的购买意向如图1-51所示。

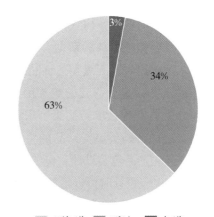

　■ 不知道　■ 听过　■ 知道

图1-50　消费者对五黑卷的了解情况

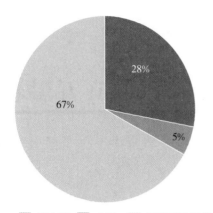

不会买　会买　愿意买回来试试

图1-51　消费者对五黑卷的购买意向

尽管由"五黑原料"制作的食品（以下称"五黑类"食品）具备良好的保健功能，但其在市场营销方面仍然面临诸多挑战：市场份额相对较小，销售额占比较低；宣传方式过于传统，缺乏多样化的宣传策略，需要加强网络广告、视频介绍和电子商务销售等方面的推广；顾客对"五黑类"食品的认知度不足，了解有限，影响了购买意愿；销售渠道多为零散分销，缺乏组合营销架构；缺乏专门的销售网点和货物集散处，导致销售环境不利于规模化销售。

"五黑类"食品的市场具有巨大的潜力，但要成功推广这类产品并满足顾客需求，企业需要确立正确的营销理念，建立强有力的组织架构，完善营销渠道，并采取创新举措。在市场推广前期，重点应放在改变消费者的态度和观念上；后期则应致力于树立良好的品牌形象，激发顾客的消费欲望。

具体销售策略如下：

（1）重点针对女性消费者制定营销策略。鉴于多数女性在家庭食品购买中扮演着重要的角色，可以针对她们的特点进行"五黑类"食品的宣传和推广。举例来说，可以在菜市场发放"五黑类"食品的优惠券，或者在超市收银台提供免费的环保购物袋，上面印有"五黑类"食品的信息。

（2）扩大产品知名度。扩大宣传力度和宣传范围，让更多人了解"五黑类"食品。

（3）以提高产品质量为中心任务。消费者对"五黑类"食品的了解程度和信任程度均不高，因此在扩大生产规模时不应盲目追求高利润，相反，应当注重提升产品质量，引入先进的生产加工技术，以提升产品的口碑和消费者的认可度，使产品易被接受。

（4）建立值得信赖的企业品牌。通过多种媒体和渠道积极宣传"五黑类"食品，以此让更多人了解其功效，并树立良好的企业形象、塑造良好的企业文化。

（5）开展相关的体验活动。让消费者亲临"五黑类"食品的生产加工地点，参与整个生产流程，让他们对"五黑类"食品的生产加工有切身体会，增加他们对产品质量的信任感。

（6）分析影响消费者的购买因素，有针对性地强化产品优势。从消费者需求和习惯入手，如分析消费者是求新购买、求廉购买、求便购买、求质购买、求美购买或是从众购买，了解影响消费者购买该类产品的主要构成要素，有针对性地强化产品的优势以吸引消费者。

（7）优化产品包装设计。包装是产品的门面，一个好的有创意的包装能有效地引起消费者的关注。在包装设计时可以增加一些"五黑类"食品的烹饪方法，便于消费者了解和食用。

（8）转变消费者对"五黑类"食品的误区。为了转变部分消费者对黑色食品的排斥观念，需要不断开发和推广这类产品。

通过持续的努力，"五黑类"食品定将走进千家万户，为人们带来美味的同时，也为他们带来更健康的生活。

第二节 工艺设计

1. 原料

黑芝麻、黑豆、黑米、桑葚、黑荞麦、低筋面粉、白砂糖、牛奶、紫米、糯米、赤豆、大麦仁、杏仁、莲子、薏米、芡实、红枣干、桂圆干等。

2. 工艺流程

工艺流程如图1-52所示。

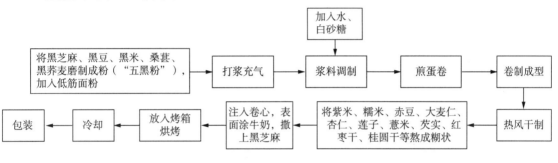

图1-52 工艺流程

3. 操作要点

"五黑粉"的处理：使用破壁机将黑芝麻、黑豆、黑米、桑葚、黑荞麦等打成粉末，加入低筋面粉混匀。

分剂操作：将五黑卷卷成大小相等的薄饼使其成型，热风干制。

夹心的处理：将紫米、糯米、赤豆、大麦仁、杏仁、莲子、薏米、芡实、红枣干、桂圆干等熬制成糊状。

冷却包装：五黑卷在常温下冷却2 h即可包装。

4. 产品要求

"五黑粉"的原材料需要选用优质的黑色食材，这些食材应保持新鲜、无异味、无农药残留等特点。同时应避免添加人工色素、防腐剂等化学添加剂，保持原材料的天然色泽和营养成分。产品包装上需要清晰地标明使用说明，包括食用方法、存放方法、食用注意事项等，以指导消费者正确使用产品。

第三节 产品包装设计

1. 产品简介

本产品选用黑芝麻、黑豆、黑米、桑葚、黑荞麦、紫米、糯米、赤豆、大麦仁、杏仁、莲子、薏米、芡实、红枣干和桂圆等原料，经过制粉、打浆、卷制成型和烘烤等工艺制作而成，风味独特，营养价值高，老少皆宜。产品规格统一，保质期长，方便携带。

2. 包装设计

本产品可采用罐装和袋装两种包装形式，可有效隔绝空气，避免温度和湿度对产品产生影响。

3. 产品包装展示

五黑卷成品如图1-53所示，五黑卷产品包装如图1-54所示。

图1-53 五黑卷成品

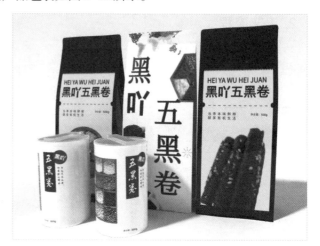

图1-54 五黑卷产品包装

第四节 产品创新点

（1）本产品将黑芝麻、黑豆、黑米、桑葚、黑荞麦等多种黑色食材一起使用，再融合夹心中特有的原料，如紫米、薏米、莲子、芡实、桂圆、红枣干等，丰富了产品的口感。

（2）本产品具有滋补肝肾、健脾开胃、润肠通便等功效。丰富的膳食纤维有助于人体肠胃蠕动，促进消化吸收；铁和锌等矿物质含量较高，营养丰富。

（3）本产品采用独立包装，不易碎，不易漏，可随时随地分享美味，保质期较长。

（4）本产品在市面上比较少见，能够让消费者产生购买和探知欲望。

单元十二 非你莫"薯"——马铃薯饼预拌粉

第一节 产品概述

我国在全球马铃薯产业中处于领先地位，以26％的马铃薯总产量位居世界马铃薯产区之首。尽管我国是世界上最大的马铃薯生产国，但我国马铃薯工业化仍处于初级阶段，我国提供的马铃薯品种选择相对有限。由于各种因素，我国马铃薯的加工利用远远落后于发达国家，加工产品主要包括面条、粉丝和油炸马铃薯食品等。目前，国内市场上的马铃薯粉和马铃薯衍生产品很少，有的还依赖进口。20世纪90年代后，亚洲在全球范围内形成了一个新兴的马铃薯市场。欧美国家的薯条、薯片等加工食品和休闲食品深受人们的喜爱。随着麦当劳、肯德基等美式快餐连锁店的不断扩张，用马铃薯粉制作的马铃薯泥、马铃薯饼等油炸食品也风靡全球。

马铃薯淀粉拥有约2000种衍生产品，并广泛应用于食品和医药等高端产业，为增值加工提供了重要机会。马铃薯的食品加工仍然是一项非常新颖、前景广阔的行业。从我国马铃薯行业的发展情况来看，整个马铃薯行业呈现快速增长的趋势。马铃薯制品品牌众多，但影响力度小而乱。随着吃得营养、吃得健康理念的提升，市场对马铃薯制品需求不断增大。

马铃薯粉的优点包括高黏度、高透明度、高吸水性、低糊化温度和显著的膨胀力。它广泛应用于食品、医药、造纸、纺织、饲料和原料等行业，是仅次于纤维素的第二大碳水化合物来源。马铃薯粉蛋白质含量高，脂肪含量低，营养丰富，符合现代消费者的健康饮食理念。近年来，随着市场需求的不断增长，我国马铃薯粉的生产能力逐步扩大。马铃薯产品一般是以马铃薯粉与小麦粉为主要原料开发出来的产品，淀粉是马铃薯粉及小麦粉中的主要成分，两种淀粉混合后高分子之间的相互作用会影响面团的结构和产品的品质，直接关系到食品的加工、贮藏和食用。在加工过程中，如果两种聚合物不相容或混合过程发生相分离，会导致产品品质降低，因此，如何增加淀粉间的相容性，提高马铃薯粉添加量成为本项目研究的重点。

本项目经过前期试验发现马铃薯淀粉与小麦淀粉不相容，研究出了湿法旋压挤出技术，减弱了水分竞争，促进了淀粉相容，根据研究结果开发了一款马铃薯预拌粉。马铃薯饼预拌粉作为一种新型、即时性、绿色健康的马铃薯食品，在口感体验、价格优势以及方便性上，都更符合消费者的需求，马铃薯饼预拌粉行业有较大的发展空间。

本项目通过提高马铃薯粉在主食产品中的添加量，从而提高农产品的附加值，拓宽农民致富之路，助力乡村振兴。

第二节 工艺设计

1. 原料

马铃薯粉、小麦粉、黄原胶、魔芋胶、食盐等。

2. 工艺流程

工艺流程如图1-55所示。

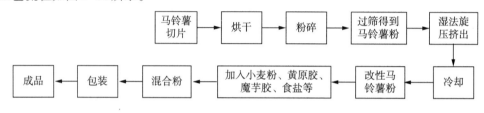

图1-55 工艺流程

3. 操作要点

（1）湿法旋压挤出技术：通过物理挤压作用，有效促进了淀粉分子间的相容性，避免了相分离，减小了两相排斥对面筋网络的破坏作用，使面筋结构更加有序，淀粉颗粒能更好地镶嵌在其中。

（2）加入的小麦粉应和马铃薯粉一样过100目筛处理。

（3）烘干马铃薯的温度不宜过高，温度过高会导致淀粉变形，从而影响其口感。

4. 产品要求

所有原料必须符合食品安全标准，且必须是新鲜的材料。

优质的马铃薯粉是主要原料，通常要求含水量低、质地细腻。此外，可能需要添加一些调味剂、稳定剂、防腐剂等。

产品的质量标准通常由国家食品安全标准或行业标准规定，包括马铃薯粉的含水量、油脂含量、营养成分、微生物指标、重金属含量等。

产品包装上需要清晰地标明使用说明，包括使用方法、存放方法、食用注意事项等，以确保消费者正确使用产品。

第三节 产品包装设计

1. 产品简介

本产品由马铃薯粉、小麦粉、黄原胶、魔芋胶、食盐等制作而成。湿法旋压挤出技术制备的马铃薯饼预拌粉能有效促进淀粉相容，可以将马铃薯全粉添加量由20%提高到50%。马铃薯饼预拌粉省去了制作马铃薯饼的烦琐步骤，节省了大量的时间和精力，非常适合快节奏的现代生活。

2. 包装设计

本产品采用密封袋装，可有效隔绝空气，延长保质期。

3. 产品包装展示

产品包装如图1-56所示，产品Logo如图1-57所示，产品标签如图1-58所示。

图1-56　产品包装　　　　　　　　　图1-57　产品Logo

产品信息

马铃薯饼预拌粉

配料表：马铃薯粉、小麦粉、黄原胶、魔芋胶、食盐
贮存条件：阴凉、通风、干燥处贮存
净含量：300g
保质期：12个月

营养成分

能量	蛋白质	脂肪	粗纤维	碳水化合物
1526千焦	9.55g	0.74g	1.92	87.79

图1-58　产品标签

第四节　产品创新点

（1）采用湿法旋压挤出技术，通过物理挤压作用有效促进了淀粉分子间的相容性，减小了两相排斥对面筋网络的破坏作用，使面筋结构更加有序，淀粉颗粒能更好地镶嵌在其中。

（2）在马铃薯粉的添加量上取得了较大的突破，通过添加食品级亲水胶体以及使用湿法旋压挤出技术，将马铃薯粉的添加量由20％提升到50％。马铃薯预拌粉推动了马铃薯主粮化发展，能够调节我国居民的营养膳食结构。

项目二

果蔬原料类创新产品

单元一　香脆椒

第一节　产品概述

1. 研发背景

当前，我国辣椒产业正处于高速发展阶段，产业链不断完善。然而，供需不平衡问题仍然存在，消费需求引导将成为未来发展的主要方向。目前市场上辣椒类产品种类相对单一，限制了产业的发展。传统工艺和产品仍占主导地位，提升辣椒产品层次的关键在于实现精品化。

香脆椒富含多种维生素、挥发油、戊聚糖、矿物质、辣椒碱、叶黄素和辣椒红素等成分，这些成分对人体消化系统和心血管系统都有积极作用。适量食用辣椒能促进胃液分泌，增强食欲，改善消化，促进血液循环，提高机体抗病能力。此外，辣椒素还可用于治疗风寒、鼻塞和虚寒水肿等症状。

市场上香脆椒很受消费者喜爱，但是大部分香脆椒的口感相似，以坚果和谷类原料为主制作的香脆椒比较少见。研发此类香脆椒可丰富市场上的辣椒产品，提升辣椒的附加值，助力乡村振兴。本产品选取皮厚、肉多、辣味淡的优质二荆条辣椒和花生、核桃等为原料，结合传统与现代工艺制作而成，口感酥脆、麻辣、鲜香。

2. 市场调研报告

本项目团队共发放了400份调查问卷，收回375份有效问卷。经统计，没听过香脆椒产品的有94人（约占25%），尝试过的有165人（占44%），很熟悉的有116人（约占31%）。消费者对香脆辣椒产品的了解情况如图2-1所示。

在向消费者介绍了香酥椒产品的相关信息以及开展产品免费品尝推广活动后，本项目团队再次对消费者的购买意向做了调查，共发放了400份调查问卷，收回380份有效问卷。经统计，表示不愿意买的有80人（约占12%），愿意买的有133人（占35%），愿意买回家尝试的有167人（约占44%）。由此可知，很多人对香脆椒产品的接受度较高。消费者对香脆辣椒产品的购买意向如图2-2所示。

香脆椒香酥味美，营养丰富，口味众多，产品开发前景较好。以追逐新鲜时尚元素和营养理念的当代年轻人是香脆椒产品的潜在消费者，消费人群数量十分庞大，有利于香脆椒产品市场的开拓。

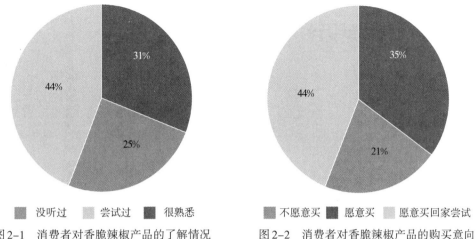

图2-1　消费者对香脆辣椒产品的了解情况　　图2-2　消费者对香脆辣椒产品的购买意向

第二节　工艺设计

1. 原料

二荆条辣椒（干）、全蛋液、玉米粉、面粉、铜陵白姜、山药、杏仁、腰果、核桃、花生、瓜子、菜籽油、食盐等。

2. 工艺流程

工艺流程如图2-3所示。

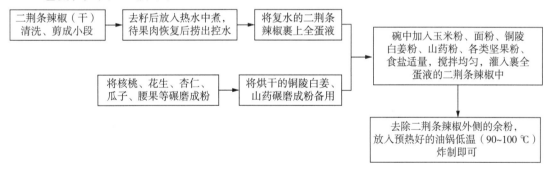

图2-3　工艺流程

3. 操作要点

（1）预处理：将二荆条去头去尾剪成小段，清水冲刷并沥干水分后，下锅用热水泡，待辣椒膨胀。

（2）混合：将玉米粉、面粉、铜陵白姜粉、山药粉、各类坚果粉和食盐等搅拌均匀。

（3）炸制：待所有的辣椒段都填满，扫除二荆条外侧的余粉后，放在油锅中低温慢炸。

（4）成型：炸制过程需要严格控制油温和炸制时间，确保香脆辣椒保持"酥"的状态，在蒸发掉水分的同时保留辣椒的色泽和形状。

第三节　产品包装设计

1. 产品简介

本产品以二荆条辣椒（干）、全蛋液、玉米粉、面粉、铜陵白姜、山药、杏仁、腰果、核桃、花生、瓜子、菜籽油、食盐等原料，经过一系列工艺流程制作而成，味美香酥，方便速食。

2. 包装设计

本产品在包装完成后要经历堆码、运输等流程，才能到达消费者手中，因此产品的包装需要具备一定的强度，以确保在流通过程中不易受到挤压而破损。另外，在设计包装时，可以采用避光包装、视窗包装、透明包装等形式，在保护食品质量的同时满足消费者的其他需求。如果需要在包装上印刷相应的文字，还需要考虑包装材料的印刷特性，包装材料要具有易于印刷、易于造型、易于着色等特点。

3. 产品包装展示

香脆椒成品如图2-4所示，香脆椒产品包装如图2-5所示。

图2-4　香脆椒成品

图2-5　香脆椒产品包装

第四节　产品创新点

（1）辣椒是我国的传统美食，当前的辣椒类产品品种单一、口感单一，无法满足人们日益增长的多元化需求。目前市场上常见的是辣椒酱、火锅底料等，以辣椒为主要原料的休闲零食较为少见。本产品将填补辣味休闲食品的市场空白，具有显著的经济价值。

（2）当前市场上姜类休闲产品匮乏，本产品将铜陵白姜与辣椒相结合，不仅可以为铜陵白姜的产业化推广提供新思路，还有助于辣椒类产品的创新发展。

（3）坚果中富含蛋白质、脂肪、碳水化合物、维生素、矿物质等，对人体健康有积极作用。

（4）制作产品采用的油为菜籽油，菜籽油炸制的食物颜色亮丽，视觉效果较好。菜籽油能够润滑肠道，促进肠蠕动。

（5）本产品还可添加富含天然黑色素、蛋白质、氨基酸、多种微量元素和维生素的"五黑原料"，营养更全面，有利于人体健康。

单元二　豉香辣椒酱

第一节　产品概述

1. 研发背景

目前，国内外关于辣椒酱的研究主要侧重于工艺条件、辅料添加和发酵菌种筛选等方面，辣椒品种加工适宜性方面的分析较为缺乏。市场上的辣椒酱主要以油炸辣椒酱和发酵辣椒酱等传统形式为主，这些产品存在精加工程度低、营养成分不高、卫生状况欠佳、科技含量不足、现代化水平低等问题。此外，辣椒酱的制作通常采用手工制作，限制了产量的提高，并影响了产品的安全性和质量的稳定性。因此，在不断改进辣椒酱口味和优化制作工艺的同时，更应该加大设备投入力度，实现产品生产的机械化和自动化。

作为常用调料，辣椒含有丰富的辣椒碱、辣椒红色素、维生素和矿物质，具有较高的营养价值。中医认为，辣椒味辛、性温，具有祛湿、开胃、助消化、抗炎和抗氧化等功效。

辣椒酱在我国悠久的饮食文化中占有重要的地位，是人们生活中常用的调味品，其鲜红或青绿的色泽和酸辣的口感能刺激人的食欲，广受大众青睐。

现代消费者对辣椒酱的要求不仅是味道鲜美、方便实用、种类多样，还要求具有一定的营养价值。随着时间的推移，越来越多新型高营养、功能各异的辣椒酱开始出现。例如，利用苹果、香梨等制作的果味辣椒酱，色泽鲜艳，口感酸、甜、辣，十分可口；海带牛肉辣椒酱让辣椒酱的口味更加多样；将保加利亚乳杆菌、啤酒酵母及醋酸杆菌等菌种引入辣椒制品中，不仅缩短了发酵周期，保证了产品质量，还产生了醇香的芳香物质，使得辣椒酱更加香气浓郁；采用日本风味的味噌调制出醇香味的新型辣椒酱，为消费者带来了更多选择。

豉香辣椒酱的研究对丰富辣椒酱品种、调节大众口味、提升特色农产品附加值等具有重要意义。

2. 市场调研报告

本项目团队共发放了500份调查报告，收回490份有效问卷。经统计，表示对辣椒酱熟悉的有180人，听说过的有300人，不了解的有10人。消费者对辣椒酱的了解情况如图2-6所示。

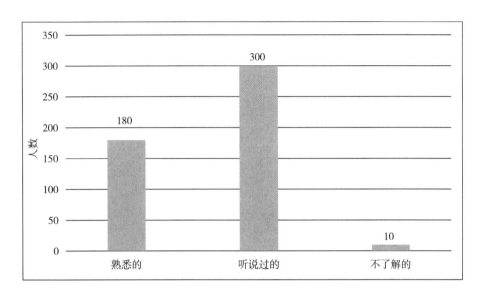

图2-6　消费者对辣椒酱的了解情况

在向消费者介绍了辣椒酱的相关信息以及开展产品免费品尝推广活动后，本项目团队再次对消费者的购买意向做了一次调查，共发放了300份调查问卷，收回270份有效问卷。经统计，表示会买的有140人，不会买的有10人，愿意买回家尝试的有120人。由此可知，消费者对辣椒酱产品的接受度较高。消费者对辣椒酱产品的购买意向如图2-7所示。

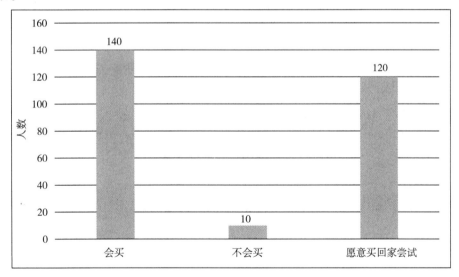

图2-7　消费者对辣椒酱产品的购买意向

消费者对辣椒酱的了解并不全面，但对辣椒酱产品充满好奇心，特别对其营养特色方面兴趣浓厚，大部分消费者均表示愿意购买尝试。因此辣椒酱的潜在消费者群体较大，市场推广较易，产品开发前景较好。

第二节　工艺设计

1. 原材料

二荆条辣椒、豆角、刀豆、干香菇、干黄花菜、鸡腿肉、鸡骨头、食盐、白糖、香油、白酒、葱、姜、大蒜、桂皮、花椒、八角、草果、香叶、西芹、豆豉、小米椒等。

2. 工艺流程

工艺流程如图2-8所示。

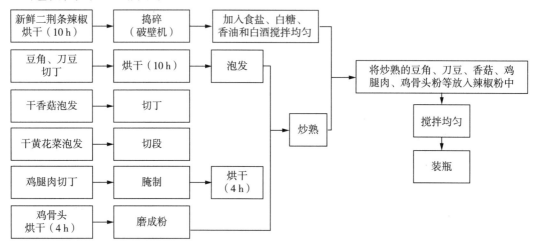

图2-8　工艺流程

3. 操作要点

二荆条辣椒处理：挑出完整的二荆条辣椒，清洗沥干，放入烘干箱中于80℃下烘干。

刀豆、豆角处理：去蒂，清洗沥干，切成0.5 cm的小块，放入烘干箱中于80℃下烘干。

二荆条辣椒制作：将烘干的二荆条辣椒捣碎成辣椒粉，辣椒粉中加入食盐、白糖、香油和白酒，搅拌均匀。

泡发：将干香菇、干黄花菜用温水泡发。

配料炸制：油烧至七成热，将葱、姜、大蒜、桂皮、花椒、八角、草果、香叶、西芹用小火炸至微黄捞出。

配菜炒制：加入刀豆、豆角、香菇、豆豉、小米椒、黄花菜等炒出香味，倒入辣椒粉中搅拌均匀。

成品：锅中倒油，加入烘干的鸡腿肉炒至微黄，再将鸡腿肉、鸡骨头粉倒入辣椒粉中拌匀即可。

4. 感官评价标准

对豉香辣椒酱的风味、外观状态、色泽、弹性、硬度和咀嚼性等进行感官评定，产品的评分标准见表2-1所列。

表2-1 产品的评分标准

项　目	评分标准
风味（20分）	香味浓厚（16~20分）；香味较淡（9~15分）；有异味（0~8分）
外观状态（20分）	颗粒完整（16~20分）；颗粒稍有破裂（9~15分）；颗粒表面破裂（0~8分）
色泽（20分）	色泽光亮（16~20分）；色泽深暗（9~15分）；色泽淡白（0~8分）
弹性（10分）	轻压能迅速恢复（8~10分）；轻压不能完全恢复（5~7分）；轻压不能恢复（0~4分）
硬度（10分）	柔软（8~10分）；较硬（5~7分）；非常硬（0~4分）
咀嚼性（20分）	易咀嚼（16~20分）；不易咀嚼（9~15分）；非常难咀嚼（0~8分）

第三节　产品包装设计

1.产品简介

本产品选用了二荆条辣椒、刀豆、豆角、干香菇、干黄花菜和散养鸡腿肉等作为主要原料，并采用先炒后拌等工艺制作而成。这一创新填补了辣椒酱市场的空白，成功研发出可标准化生产且具有安徽特色的系列营养辣椒酱方便食品。产品标准统一，方便速食，购买后烹饪方式灵活多样。

2.包装设计

本产品采用了先进的密封包装技术，采用小容量玻璃瓶的形式包装，方便食用及储存。外包装采用纸盒包装，配以生动形象的图案，赋予了产品更浓郁的辣味特色。本产品既方便消费者买回家享用，也适合作为伴手礼供走亲访友之用。

3.产品包装展示

"绝代双椒"牌豉香辣椒酱产品包装如图2-9所示。

图2-9 "绝代双椒"牌豉香辣椒酱产品包装

第四节　产品创新点

（1）风味创新：通过调整辣椒酱的配方和生产工艺，打造出口感浓郁、香味独特的豉香辣椒酱。

（2）健康与营养：在原有辣椒酱的基础上，增加健康成分，吸引消费者。

（3）包装设计：独特的包装增加了产品的视觉吸引力。另外，可以考虑采用环保材料或创意设计，提升产品的整体形象和市场竞争力。

（4）用途多样性：研发出适用于不同菜系和用途的豉香辣椒酱，以满足不同消费者的需求。

（5）个性化服务：提供个性化定制服务，根据消费者的口味偏好和需求，调整辣椒酱的辣度、咸度、甜度等，打造出符合个人口味的豉香辣椒酱，提升产品的市场竞争力和用户黏性。

单元三　鹅油辣椒酱

第一节　产品概述

随着经济高速发展，国内外人际交流和贸易往来增加，人们的保健意识增强，辣椒的新功能和新用途不断被发现和拓宽，需求量也将进一步增加。辣椒酱是我国的传统食品，一直备受人们青睐。但当前市场上的辣椒酱无法满足人们日益增加的多元化需求，本项目团队以研制迎合当前人们口味的辣椒酱为目的，进行了创新。

辣椒酱多用于和主食搭配，或与其他原料一同进行烹炒。随着餐饮行业的不断发展，多数企业聚焦于对辣椒酱的工艺流程进行改进，本项目团队将传统的烹饪手法与现代工艺相结合，打造低成本，适应性强的辣椒酱。

鹅油作为鹅屠宰后的副产品，具有独特的特点，如熔点低、香味浓郁、胆固醇含量低、单不饱和脂肪酸含量高，常温下呈白色半固体状。目前国内外对于鹅油的研究报道较少，大部分鹅油被用作饲料处理，浪费了其丰富的营养价值。深入开发利用鹅油不仅能提升鹅油的附加值，增加企业收入，还能丰富人们的饮食选择。

我国拥有丰富的鹅资源，品种多样，分布广泛，这为鹅产业的发展奠定了坚实的基础。然而，目前对鹅产品的开发利用主要集中在鹅肉上，对鹅副产品的开发利用还相对不足。利用鹅油作为辣椒酱的主要原料，可以为鹅油的深加工和综合利用提供有力支持，丰富食用油脂品种，推动鹅产业的发展。

本产品选用鹅油等代替常规用油，使辣椒酱别有风味。产品标准统一，酱心独运，美味绝伦，购买后可以采用多种吃法，口感鲜香，让人回味无穷。

本产品采用小袋包装，开袋即食，便于携带。每袋25 g，符合节约粮食的理念。

另外，针对人们购买辣椒酱选择困难的烦恼，本项目团队提出创建一个辣椒酱交易平台的创意，在消费者选择后，平台会给予消费者基于营养配膳原则及符合个人口味的个性化定制方案，向消费者推荐适合自己的辣椒酱，并为其选择配送的机构，在指定时间内送到消费者手中。

第二节　工艺设计

1. 原料

鹅油、猪五花肉、干香菇、胡萝卜、洋葱、香菜、木姜子、料酒、生抽、老抽、蚝油、桂皮、胡椒粉、孜然粉、五香粉、鸡精、大葱、姜、蒜、八角、香叶、香菜、白砂糖、黄豆酱、芝麻酱、花椒、花生、辣椒面等。

2. 工艺流程

工艺流程如图2-10所示。

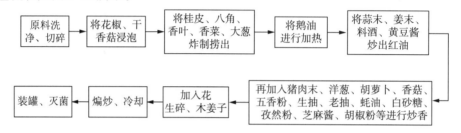

图2-10　工艺流程

3. 操作要点

泡发香菇、浸泡花椒：分别将干香菇、花椒浸泡在150 mL的温水中，浸泡30 min后，取滤汁待用。

切丁：将猪五花肉、干香菇、胡萝卜、洋葱切丁。

鹅油加热：将鹅油倒入锅中，加热至175 ℃左右。

炸制：将桂皮、八角、香叶、香菜、大葱等炸香、炸干后捞出。

炒制：将蒜末、姜末、料酒、黄豆酱炒出红油，加入猪肉末、香菇、洋葱、胡萝卜、生抽、老抽、蚝油、白砂糖、芝麻酱、孜然粉、五香粉、胡椒粉、鸡精、辣椒面、花生碎、木姜子碎等进行炒香。

成品：将鹅油香辣酱出锅后进行冷却装罐，灭菌，即可得成品。

3. 感官评价标准

从色泽、气味、滋味、质地等四个方面对辣椒酱进行感官评价，产品的评分标准见表2-2所列。

表2-2　产品的评分标准

项　目	评价标准	分　值
色泽（30分）	鹅油与一定量的辣椒面搭配，色泽亮丽，无白膜	21～30分
	颜色偏深或为浅褐色，无霉变，无霉斑，无白膜	11～20分
	颜色深暗，有霉斑或白膜	0～10分

（续表）

项　目	评价标准	分　值
气味（20分）	有香味，无异味	11～20分
	略有香味，无异味	6～10分
	无香辣酱香味，且气味令人难以接受	0～5分
滋味（30分）	香辣可口，咸淡适宜，口感良好	21～30分
	过腻、过辣或过咸，无难以下咽的口感	11～20分
	滋味怪异或苦涩，难以下咽	0～10分
质地（20分）	软硬适中，鲜嫩细腻	11～20分
	组织过硬或较软	6～10分
	组织过硬或过于软烂	0～5分

第三节　产品包装设计

1. 产品简介

本产品选用鹅油、猪五花肉、干香菇、胡萝卜、洋葱、香菜、木姜子等原料熬制而成，香味浓郁，风味独特。在扩充鹅油产品种类的同时，也推动了特色香辣酱的发展。

2. 包装设计

鹅油辣椒酱根据不同系列的产品特色，分别采用小透明塑料袋和玻璃瓶的形式包装。袋装的辣椒酱外包装采用手提袋的形式，方便携带。瓶装的辣椒酱外包装采用可透视的纸盒包装，每盒装两瓶辣椒酱，配上造型别致的小勺，别具特色。

3. 产品包装展示

鹅油辣椒酱产品包装如图2-11所示。

图2-11　鹅油辣椒酱产品包装

第四节 产品创新点

（1）本产品巧妙地结合了木姜子果实、桂皮、生姜等原料，在提升产品风味的同时增加了营养成分。

（2）本产品在用油方面选用了鹅油，使辣椒酱口感特殊，风味独特。

（3）将互联网与辣椒酱相结合，为现代化生鲜食品的营销提供了一个服务性的平台。该平台拟为商家和消费者提供交易便利，派送优质的各类辣椒酱产品。本项目的开展能够丰富辣椒酱的市场，同时对大学生创新创业意识等具有较强的推动作用。

单元四　"胃伴侣"饮料

第一节　产品概述

随着生活水平的提高和健康意识的增强，消化健康问题逐渐被人们所重视。胃部不适、消化不良等已成为现代生活中常见的健康困扰，因此消费者对健康产品的需求日益增加。随着人们健康需求的提升，功能性饮料市场呈现出快速增长的态势。消费者希望通过饮用功能性饮料来解决特定健康问题，如增强免疫力、促进消化等。越来越多的科学研究证明，某些天然成分如益生菌、草药提取物等对促进消化健康具有积极作用。"胃伴侣"饮料的研发正是基于这些科学研究成果，选择合适的成分进行配方设计，以达到促进消化健康的效果。

本项目将山药与红枣、生姜相结合，研制出了一种能够滋阴补血、补气益脾胃、健胃安神的健康饮料，风味独特，具有广阔的市场开发前景。

第二节　工艺设计

1. 原料

红枣、生姜、山药、白砂糖、柠檬酸、饮用水、海藻酸钠、亚硫酸氢钠、羧甲基纤维素钠、黄原胶、果胶酶等。

2. 工艺流程

工艺流程如图2-12所示。

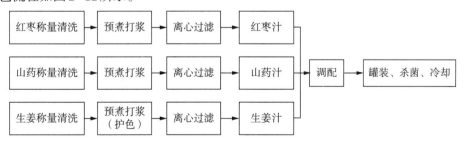

图2-12　工艺流程

3. 操作要点

1) 红枣汁的制备

选料及处理：挑选核小、肉厚、无霉烂、无虫蛀的红枣，用流水冲洗，清除表面的泥沙和杂质。

预处理：将清洗后的红枣去核，放入不锈钢锅中，按照1∶7（红枣∶水）的比例加入清水，加热至75~80℃，持续煮沸10~15 min。

打浆：将预处理过的红枣与水一起放入打浆机中打成浆状，制成红枣浆液。

浸提保温：向红枣浆液中添加0.02%的果胶酶，置于恒温水浴锅中保温（50~55℃）浸泡2 h。

离心过滤：经过浸提后的红枣浆液通过离心分离机进行分离，去除残渣，得到纯净的红枣汁，其可溶性固形物含量为8%~10%。

2) 生姜汁的制备

选料及处理：选择新鲜肥厚、无病虫害、未发芽的生姜，洗净后切成2~5 mm厚的薄片，放入沸水中烫2 min，然后立即冷却至室温。

打浆：将处理过的生姜与水按照1∶10的比例放入打浆机中进行打浆。

离心过滤：打浆后的生姜浆液经过离心分离机分离，去除残渣，得到生姜汁，其可溶性固形物含量为4%~6%。

3) 山药汁的制备

选料及处理：选择外形圆整、表面光滑、无病虫害的新鲜山药，彻底清洗后，蒸煮后进行护色处理。

制备山药浆：将经护色处理的山药从护色液中取出，按照1∶4（山药∶水）的比例加水，放入打浆机中制作山药浆，过滤后倒入容器中。

4) 浓糖液的制备

将白砂糖加水煮沸，配成质量分数为65%的浓糖液。

5) 柠檬酸液的配制

称取一定量的柠檬酸，配制成质量分数为50%的溶液。

6) 调配

将预先制备好的红枣汁、生姜汁和山药汁按照特定比例混合，并加入适量的浓糖液和柠檬酸液进行调味，制成复合饮料。

7) 罐装、杀菌、冷却

将制作好的复合饮料装入经过清洗的玻璃瓶中，进行100℃的杀菌处理，持续10~15 min，完成杀菌后立即将瓶子冷却至室温。

4. 感官评价标准

复合饮料加工完成后，将其在常温下静置7天，然后对复合饮料的色泽、气味、滋味以及组织形态进行评分，产品的评分标准见表2-3所列。

表2-3 产品的评分标准

项　目	评分标准
色泽（20分）	清亮透明、柔和舒适、呈亮红色（16～20分） 色泽较好、偏淡或偏重（11～15分） 色泽一般、偏重或偏淡（5～10分） 色泽较差很重或很淡（0～4分）
气味（30分）	枣味浓郁，姜味清淡，山药味舒适，香气宜人，无其他异味（26～30分） 枣味略淡或略浓，姜味略淡或略浓，山药味略淡或略浓，无其他异味（21～25分） 枣味很淡或很浓，姜味很淡或很浓，山药味很淡或略浓，香味不协调，无其他异味（15～20分） 几乎没有红枣香味或红枣香味过于浓厚，生姜味非常浓重或完全不存在，山药味过于突出或者根本没有，且存在其他异味（0～14分）
滋味（40分）	红枣的滋味鲜明，生姜的辛辣味适中，山药则带来恬淡舒适的口感，整体风味极佳，糖、酸的比例也十分协调（30～40分） 红枣味道清淡，生姜味略带辛辣，山药的味道稍浓或稍淡，整体风味良好，微甜中带有一丝清爽，糖、酸比例相对协调，且无其他异味（21～29分） 红枣味淡，生姜味辛辣，山药味浓或淡，糖、酸比例一般（11～20分） 几乎无枣香味，生姜味过辣，山药味过浓或过淡，风味差，糖、酸比例不协调，有其他异味（0～10分）
组织状态（10分）	清亮柔和，澄清透明，无沉淀（8～10分） 较澄清透明，微暗或微清（5～7分） 静置一段时间后有微量絮状物析出，出现少量沉淀（3～4分） 静置一段时间后产生明显沉淀（0～2分）

第三节 产品包装设计

1.产品简介

本产品结合山药独特的质地特性，将其与红枣、生姜相结合，打造能够滋阴补血、补气益脾胃、健胃安神的健康饮料，枣味浓郁，姜味清淡，山药味舒适，风味独特，具有广阔的市场开发前景。

2. 包装设计

该复合饮料采用玻璃瓶进行包装，每瓶容量为300 mL，便于消费者携带。"胃伴侣"三个字采用个性化设计，"胃"字采用人体胃器官的卡通图片设计，十分可爱，给人一种温馨的感觉。青春型"胃伴侣"饮料产品标签以橘黄色为主色调，象征着年轻人的活力与激情。相对于浓缩型饮料，底色更为浅淡、明显，表明其生姜辛辣味偏淡，主要呈现红枣味，是年轻人的首选。浓缩型"胃伴侣"饮料则以红色为底色，与饮料本身的颜色接近，底色相对更深，代表着生姜辛辣味稍微重一些，适合喜欢姜味的人群。对于风寒感冒者，加热饮用浓缩型"胃伴侣"饮料效果更佳。

3. 产品包装展示

"胃伴侣"饮料产品包装如图2-13所示。

图2-13　"胃伴侣"饮料产品包装

第四节　产品创新点

（1）本产品具有补气益脾胃、健胃安神等功能，属于新型饮料，目标消费者明确，市场前景广阔。

（2）根据消费者的年龄和喜好进行了市场细分，研制了两种口味的饮料：青春型"胃伴侣"饮料拥有浓郁的红枣、山药香气以及淡淡的生姜味，口感酸甜、适中，质地浓稠，饮料均匀无沉淀。浓缩型"胃伴侣"饮料生姜味更为浓郁，适合中老年人群以及喜爱姜味的人。如果加热饮用，生姜的辛辣味道更为突出，驱寒效果更佳。

（3）传统的姜茶因其过于辛辣，不太受年轻人的欢迎。本产品通过添加红枣和山药进行调配，改善味道，打造独特的复合饮料，更受消费者的喜爱。

单元五　金菊宝豆饮

第一节　产品概述

目前市场上的大部分奶茶都含有食品添加剂，频繁喝奶茶的人无疑会过多地摄入糖及反式脂肪，进而增加发病率。中药材在大众的普遍认知中是用来治疗疾病的，常被人们忽略，不过近期去药房抓酸梅汤配方的热潮引起了人们对药食同源食材的关注。

近年来，中药养生产品发展迅速，受到越来越多消费者的喜爱和重视。为了让消费者更放心地购买饮品，本项目团队将中药成分融入传统奶茶中，经过科学配方，将中药与奶茶相结合，制成具有一定防治疾病功效的产品。

近年来药膳在我国发展迅速，礼盒化和即食化趋势愈加明显。部分药膳在治疗疾病方面也有一定的作用。一般中药店的药膳多为现场熬煮的汤药、面食，而本产品不再拘泥于传统包装，制成携带方便的固体冲剂。

第二节　工艺设计

1.原料

茯苓砖茶、橘皮、甘草、甜叶菊、黄豆粉、山药粉、百合、枸杞、姜粉、海藻酸钠等。

2.工艺流程

工艺流程如图2-14所示。

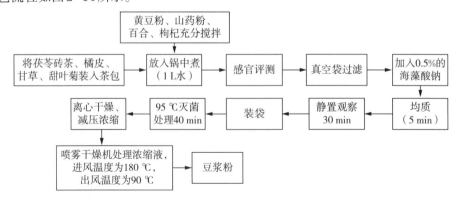

图2-14　工艺流程

第三节 产品包装设计

1.产品简介

金菊宝豆饮主要含有茯苓砖茶、橘皮、甘草、甜叶菊、黄豆粉、山药粉、百合、枸杞、姜粉等。茯苓砖茶中的咖啡碱、维生素、氨基酸、磷脂等成分有助于促进人体消化和调节脂肪代谢。咖啡碱的刺激作用可以提高胃液的分泌量，进而增进食欲，帮助消化。甜叶菊的主要成分是甜菊糖苷，甜度高，具有降低血压、抗腹泻、提高免疫力和促进新陈代谢等多种功效。黄豆味甘，入脾、胃经，有健脾、益气的功效。山药能够补脾、肺、肾，益气养阴。黄豆加山药具有健脾益气的功效，适合脾气虚弱者食用。百合具有甘凉清润的特点，主要作用于肺和心，可清肺润燥、止咳，对于肺燥咳嗽和虚烦不安有很好的治疗效果。枸杞中含有枸杞多糖，能够帮助增强机体免疫细胞的活性，提高免疫力。橘皮本身有很好的化痰、理气、健脾的作用，橘皮中含有丰富的有机酸、维生素C和纤维素等成分，可以促进肠胃蠕动，有助于消化，并能清除附着在胃肠道内的脂肪。

2.包装设计

本产品采用易拉罐的形式和可吸式带吸嘴的塑料袋包装形式进行包装，以便于不同的消费者选择。包装标签配色简洁大方，增加了产品对消费者的吸引力。

3.产品包装展示

金菊宝豆饮成品如图2-15所示。

图2-15 金菊宝豆饮成品

第三节　产品创新点

（1）本产品通过多种植物成分的结合，发挥了多种功效，不仅提供了丰富的营养，还有助于调节身体机能，增强免疫力，是一款具有综合健康效益的创新饮品。

（2）传统的姜茶因其过于辛辣，不太受年轻人的欢迎，本产品通过添加百合、茯苓砖茶、山药、橘皮和甜叶菊等进行调配，改善了味道，打造了风味独特的复合饮料，更受消费者的喜爱。

单元六 桃桃姜橘露

第一节 产品概述

近年来,随着人们对健康饮食的重视和生活水平的提高,饮品市场呈现出多样化、功能化和天然化的趋势。消费者对健康饮品的需求不断增长,对口感独特、营养丰富、功效多样的产品也有更高的期望。这就为以桃胶、生姜和橘皮等为原料研发桃桃姜橘露提供了良好的市场机遇。

桃桃姜橘露作为一种采用天然食材制作的饮品,满足了消费者对健康、天然的需求。结合桃胶、生姜、橘皮等天然食材,桃桃姜橘露可以为消费者提供多种维生素和矿物质,同时带来天然的清新口感和健康功能。

第二节 工艺设计

1.原料

桃胶、生姜、橘皮、枸杞、甘草等。

2.制作流程

工艺流程如图2-16所示。

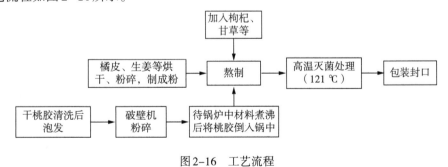

图2-16 工艺流程

3.操作要点

橘皮和生姜烘干操作:将生姜切成薄片,将橘皮均匀切成块,放入开水中,30 s后捞出,烘干48 h制成干姜、干橘皮。

姜粉、橘皮粉的制备：取 60 g 干姜与 30 g 干橘皮分别放入粉碎机中进行粉碎制粉。

桃胶的泡发及粉碎：称取一定量的干桃胶，清洗除去杂质并以 50 倍以上的水置于 4～6 ℃下浸泡 36 h 左右至无硬块；待桃胶泡发完全后，放入粉碎机中进行打碎，至无大块粘黏现象即可。

饮品的制备：将粉碎好的桃胶沥干水分，称取 125 g 姜粉与橘皮粉到锅中，加入枸杞、甘草、水，进行熬制，煮沸后倒入打碎的桃胶，继续熬制 30 min，至桃胶与姜橘汁水融合，桃胶完全煮熟软化。

第三节 产品包装设计

1.产品简介

本产品的研发得益于当下消费者对于食品口感新颖和风味创新的追求。桃胶和橘皮的口感以及生姜所带来的微辣感，形成了独特而令人愉悦的口感体验。消费者对这种新颖的口感和独特的风味表示出浓厚的兴趣和好奇心，进一步推动了本产品的研发与推广。

本产品作为一种便携式饮料，在满足消费者对健康需求的同时，具有便利和即时享受的特点，充分迎合现代快节奏的生活。在当前的市场环境下，本产品具备广阔的发展前景和消费者认可的潜力。

2.包装设计

（1）包装设计必须与产品的特性相符，确保与产品属性相匹配。

（2）包装设计应凸显品牌特色，以便消费者能够轻易识别品牌。

（3）包装设计要具备较高的美感，这样才能够吸引消费者的注意力，一个好的包装设计，不仅要让人眼前一亮，还要让人触感舒适。

（4）包装设计要注意环保，尽可能减少对环境造成污染。

（5）包装设计要便于携带和使用，这样才能够方便消费者。

3.产品包装展示

桃桃姜橘露成品如图 2-17 所示，桃桃姜橘露产品包装如图 2-18 所示。

图 2-17 桃桃姜橘露成品

图 2-18　桃桃姜橘露产品包装

第四节　产品创新点

（1）本产品具有健脾益气、增进食欲、帮助消化等功能，属于新型食品。产品目标消费者明确，市场前景广阔。

（2）本产品在成分选择、配方搭配和健康功效方面都具有创新性，是一款结合了中医药理论和现代科学研究的健康食品。

（3）本产品风味独特，口感酸甜适中，更容易受到消费者的喜爱。

单元七　蓝莓桑果露

第一节　产品概述

1. 研发背景

目前市场上桑椹类产品种类单一，且贮藏流通期间易发生变质，极大地限制了桑椹产业创新发展。相关研究表明，在桑椹汁中加入复合果胶酶，可以增加花色苷溶出量，从而提高其营养性能；在桑椹汁中加入适量柠檬酸和蔗糖，可以增强饮品的风味和口感。

本产品紧跟食品发展潮流，在桑椹、蓝莓原汁中加入复合果胶酶，并且以柠檬酸、蔗糖为辅，打造出一款口感美味、色泽纯正的饮品。

2. 市场调研报告

本项目团队发放了500份调查问卷，收回425份有效问卷。经统计，表示没听过桑椹蓝莓产品的有106人（约占25％），尝试过的有187人（占44％），很熟悉的有132人（约占31％）。消费者对桑椹蓝莓产品的了解情况如图2-19所示。

在向消费者介绍了桑椹蓝莓产品及开展产品免费品尝推广后，本项目团队再次对消费者的购买意向做了一次调查，共发放了500份调查问卷，收回405份有效问卷。经统计，表示不愿意买的有85人（约占21％），愿意买的有178人（约占44％），愿意尝试的有142人（约占35％）。由此可知，很多人都愿意尝试桑椹蓝莓产品。消费者对桑椹蓝莓产品的购买意向如图2-20所示。

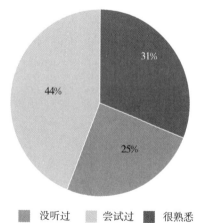

图2-19　消费者对桑椹蓝莓产品的了解情况

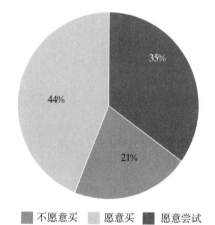

图2-20　消费者对桑椹蓝莓产品的购买意向

消费者对桑葚蓝莓产品了解得并不全面，但对其好奇心较重，特别对其营养特色兴趣浓厚，大部分消费者均表示愿意购买尝试。除此之外，桑葚蓝莓产品由于其加工程序简单、营养丰富、口感好等特点，潜在消费者群体较大，市场推广较易，产品开发前景较好。

第二节 工艺设计

1. 原料

蓝莓、桑葚、复合果胶酶、柠檬酸、蔗糖等。

2. 工艺流程

工艺流程如图2-21所示。

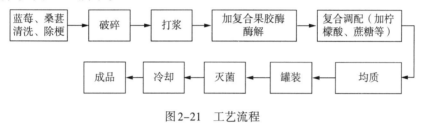

图2-21 工艺流程

3. 操作要点

蓝莓和桑葚原汁制备：选择未受机械损伤、未腐烂的蓝莓和桑葚，去除果梗后，经过3 min的破壁机处理，得到果浆；接着加入复合果胶酶，使汁液充分浸出，再通过200目滤布过滤，得到的滤液即为蓝莓和桑葚原汁。

复合饮料调配：将处理好的桑葚和蓝莓原汁按照一定比例混合均匀，然后添加适量的柠檬酸和蔗糖进行调配。

罐装和灭菌：使用玻璃瓶进行罐装后，采用高温瞬时杀菌法（温度为121℃，时间为10 s）对复合饮料进行灭菌。研究表明，采用高温瞬时杀菌方法可有效确保产品的质量和安全性，蓝莓饮料花青素保留率达83.20%。

4. 感官评价标准

可采用感官综合评分法对蓝莓桑葚复合饮料的配方进行评价，参考果蔬饮料感官评价标准，并结合该复合饮料的独特特征，制定出具体的评分标准（见表2-4）。

表2-4 产品的评分标准

项　目	评分标准
色泽（30分）	色泽均匀纯正，紫红色（21~30分）；色泽均匀，无色差（11~20分）；色泽不均匀，有色差（0~10分）
口感（20分）	酸甜比例合适，入口润滑（15~20分）；酸甜度较好，口感较润滑（11~14分）；口感不好，过酸或过甜（0~10分）
气味（30分）	具有桑葚和蓝莓特有的香气（21~30分）；桑葚和蓝莓的香气较为平淡，无异味（11~20分）；有异味（0~10分）

（续表）

项　目	评分标准
质地（20分）	液体均匀，没有沉淀，澄清度高（16～20分）；液体均匀，有部分沉淀，澄清度一般（11～15分）；少量沉淀，澄清度不好（0～10分）

第三节　产品包装设计

1.产品简介

本产品由营养成分丰富的蓝莓、桑葚等原料，经过一系列标准化工艺流程制作而成。产品中除含有机酸、维生素、氨基酸等多种营养物质外，还含有花色苷和酚类等多种功能成分，老少皆宜。

2.包装设计

食品包装的阻隔性要求取决于食品本身的特性，其主要目的是防止外部环境中的微生物、尘埃、光线、气体和水分等物质进入食品内部，同时也要防止食品内部的水分、油脂、香味物质等渗透到外部，以确保食品的品质。

在选择包装材料时，还应考虑食品加工和储存的条件。光照对食品的质量和营养保持十分不利，光照会导致食品氧化和酸败，使天然色素变质，还会引起氨基酸分解等不良化学变化。遮光包装虽然能保护食品质量，却难以让消费者清晰地看到包装内部。因此，在包装设计时，需要根据食品特性和消费者习惯选择适合的包装形式，如避光包装、视窗包装、透明包装或其他形式，以便消费者能够方便地了解包装内部的情况。如果需要在包装上印刷相应的内容，还需要考虑包装材料的印刷性，包装材料要具有易于印刷、易于造型、易于着色等特点。

3.产品包装展示

蓝莓桑果露产品包装如图2-22所示。

图2-22　蓝莓桑果露产品包装

第四节　产品创新点

（1）本产品作为健康饮品的代表，其富含的抗氧化物质（如花青素）和其他营养成分有助于增强免疫力、改善便秘、维护泌尿系统健康以及预防心脏病等疾病。

（2）本产品可采用精美且实用的包装设计，如透明包装盒等，以显示产品的品质感和差异化。

单元八　火龙果豆腐冰淇淋

第一节　产品概述

冰淇淋因其细腻的质地、丝滑的口感、多样的口味、丰富的营养以及消暑降温的效果，深受消费者喜爱。目前，我国冰淇淋市场发展迅速，市场竞争日益激烈。然而，随着人们生活水平的提高，糖尿病和肥胖症患者的数量不断增加，许多人在面对冰淇淋等甜品时犹豫不决。因此，开发具有功能保健作用的冰淇淋食品具有很大的现实意义。火龙果豆腐冰淇淋的研发为广大消费者提供了新的选择。

大豆营养丰富，富含蛋白质和人体所需的多种氨基酸，尤其是赖氨酸。此外，大豆也含有丰富的不饱和脂肪酸，如亚油酸、油酸和亚麻酸，以及钙、磷、铁、钾等矿物质。火龙果富含维生素C、膳食纤维和植物性白蛋白。这种活性白蛋白在人体内遇到重金属离子时，会快速将其包裹住，避免其被肠道吸收，并通过排泄系统将其排出体外，从而起解毒的作用。另外，这种白蛋白还对胃壁有保护作用。

本项目以大豆、火龙果为主要原料，以胡萝卜为辅料，并加入牛奶、椰子油等，研究火龙果豆腐冰淇淋的制备工艺及配方。本项目可对冰淇淋的制备工艺条件进行控制和标准化，有利于促进对冰淇淋的研究开发，满足消费者对冰淇淋的多样化需求。

第二节　工艺设计

1. 原料

大豆、火龙果、胡萝卜、牛奶、椰子油等。

2. 工艺流程

工艺流程如图2-23所示。

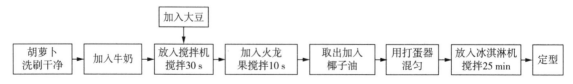

图2-23　工艺流程

3. 感官评价标准

产品的评分标准见表2-5所列。

表2-5　产品的评分标准

项　目	特　征	得　分
甜味（30分）	甜味纯正、温和	21～30分
	甜味稍带杂味、不刺激	11～20分
	甜味有杂味、刺激	0～10分
颜色（10分）	有色泽，颜色均匀	8～10分
	白色，颜色均匀	5～7分
	灰白色，不均匀	0～4分
形态（30分）	细腻润滑，无明显粗糙冰晶，无气孔	21～30分
	较细腻润滑，微有水晶，气孔较少	11～20分
	粗糙，有明显水晶，气孔大	0～10分
滋味气味（30分）	滋味协调，有乳脂香味，香味纯正	21～30分
	滋味正常，略有乳脂香味，香味一般	11～20分
	滋味不协调，为乳脂香味，香味不正	0～10分

第三节　产品包装设计

1. 产品简介

产品色泽均匀，具有豆腐特有的清香，又无异味，无杂质，口感细腻、润滑，形态完整，无肉眼可见的冰晶。

2. 包装设计

本产品使用模具制作成可爱的猫爪造型或常规冰淇淋造型或球状造型。用塑料袋的形式或纸质形式包装，包装袋或包装盒上印有火龙果等原料以及产品实物图。配色鲜艳亮丽，给消费者清凉爽口、耳目一新的感觉。

3. 产品包装展示

火龙果豆腐冰淇淋产品如图2-24所示，火龙果豆腐冰淇淋产品包装如图2-25所示。

图2-24　火龙果豆腐冰淇淋产品

图2-25　火龙果豆腐冰淇淋产品包装

第四节　产品创新点

（1）传统的冰淇淋制品以高糖、高脂类为主，含有较高热量，与低糖、低盐、低脂肪、高蛋白、高纤维素的"三低两高"的理念不符，新型冰淇淋亟待研发。以火龙果、大豆等为原料相结合直接进行制作的冰淇淋在市场上还从未报道，本产品的研发可填补营养保健系列冰淇淋的市场空白。

（2）本产品适合糖尿病患者食用，在发挥清凉、消暑作用的同时，可补充多种营养成分。

单元九 核糖记

第一节 产品概述

我国是全球核桃种植和产量最大的国家，除了部分用于出口和国内鲜食销售外，主要将核桃加工成核桃油、核桃粉、核桃乳等产品。

市场上有许多不同类型的核桃糕点，这些糕点在配方、制作工艺和口味上都有所区别，为人们提供多样化和健康的选择。我国有超过200种以核桃仁为主要原料的食品，其中琥珀核桃、五香核桃、蜂蜜核桃、盐核桃、脱皮核桃仁、核桃软糖、糖酥核桃仁、核桃酪等在市面上较为常见，但是糖艺"核桃"相对较少见。糖艺是一种加工工艺，利用艾素糖等材料，通过熬制、拉糖和吹糖等方法制作出观赏性、可食性和艺术性强的独立食品或食品装饰插件。糖艺是目前较为流行的一种食品加工方式，本项目将核桃与糖艺相结合，研发新的核桃食品，可为核桃产业发展提供新的思路。

第二节 工艺设计

1. 原料

无糖纯可可脂巧克力、艾素糖、鸡蛋、预调酒、淡奶油、山核桃仁、纯净水、柠檬汁、色素、凝胶片等。

2. 工艺流程

工艺流程如图2-26所示。

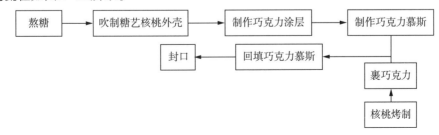

图2-26 工艺流程

3. 操作要点

熬糖：在加厚底锅中放入艾素糖和纯净水，用中火熬制，到糖水温度为140℃时加入色素，搅拌均匀。继续熬煮，直至糖水温度达到160℃。用湿抹布擦去锅壁上的水珠，然后将糖水倒在不粘垫上晾凉备用。

吹制糖艺核桃外壳：将熬制的糖块放在糖艺灯上加热，利用气囊和核桃模具吹制出糖艺核桃造型，待其晾凉。注意确保开口处尽量大。

制作巧克力涂层：将无糖纯可可脂巧克力加热至45℃，然后加入艾素糖充分拌匀。降温至28℃，再回温至32℃，然后倒入糖艺核桃造型中，使外壳内壁厚度为0.5～1.5 mm，最后晾凉。

制作巧克力慕斯：将无糖纯可可脂巧克力加热至45℃，加入艾素糖拌匀，确保艾素糖完全融入巧克力中，再加入凝胶片。然后将温度降至28℃，再回温至32℃。将鸡蛋进行杀菌消毒后，加入柠檬汁分别打发至软性发泡。与预调酒以及轻轻打发的淡奶油一起混合，搅拌均匀后装入裱花袋备用。

回填巧克力慕斯：将巧克力慕斯挤入糖艺核桃造型中，填至一半即可，然后放入烤好的核桃仁，裹上巧克力。填入剩余空隙，并覆盖一层巧克力慕斯。

封口：先用制作好的混合艾素糖的巧克力封闭糖艺核桃造型的开口；接着，再用熬制好的糖进行封口，完成后密封保存。

4. 感官评价标准

从产品的形态、色泽、滋味与口感、组织和杂质等方面进行感官评价，产品的评分标准见表2-6所列。

表2-6　产品的评分标准

项　目	评分标准	得　分
形态（20分）	形态与核桃无异，外表无破裂	15～20分
	形态与核桃略像，外表稍有破裂	9～14分
	形态与核桃几乎不像，外表破裂严重	0～8分
色泽（20分）	颜色与核桃无异，色泽明亮	15～20分
	颜色与核桃稍有区别，色泽一般	9～14分
	颜色不像核桃，色泽不明亮	0～8分
滋味与口感（30分）	香气浓郁，有糖的甜味和巧克力的香味，具有核桃独特的风味，入口外层脆甜、中层细腻、内层酥香	22～30分
	香气一般，过甜或过淡，巧克力的香味较淡，核桃风味不足，入口各层次口味不清晰	15～21分
	无香气，有异味，黏牙	0～14分
组织（20分）	层次分明	15～20分
	层次稍不清晰	9～14分
	层次混乱，不分明	0～8分

（续表）

项　目	评分标准	得　分
杂质（10分）	表面光亮，无其他颜色杂质	7～10分
	表面欠光亮，略有杂质	4～6分
	表面不光亮，杂质较多	0～3分

第三节　产品包装设计

1. 产品简介

本产品运用高装饰性及观赏性的糖艺对核桃进行加工，使其风味独特、营养价值丰富、造型美观。

本产品选用的糖为艾素糖，其独特的理化性质、生理功能和食用安全性已经通过实验充分验证。近年来，艾素糖的使用量急剧增加，在发达国家艾素糖已经占据了无糖食品中甜味剂市场的50%以上。艾素糖被认为是一种优良的双歧杆菌增殖因子，尽管它不能被人体和大多数微生物的酶系所利用，但却可以被人体肠道中的双歧杆菌所分解利用，促进双歧杆菌的生长繁殖，维持肠道的微生态平衡，从而有利于人体的健康。

本产品选用无糖纯可可脂巧克力，在保证巧克力风味纯正的同时，又可避免糖分的过量摄取，还能减少消化不良、碘缺乏、动脉硬化、肾功能下降等不良反应的发生。

2. 包装设计

本产品因易碎，故选用纸盒包装，以免在运输、储存过程中出现压塌、碎裂等问题。可选用可视透窗的纸盒包装，以更好地展示产品精美的造型。外包装可选择手提袋式，以方便消费者携带。包装盒以核糖为主要元素，切合主题。

3. 产品包装展示

核糖记成品如图2-27所示，核糖记产品包装如图2-28所示。

图2-27　核糖记成品

图2-28　核糖记产品包装

第四节　产品创新点

（1）本产品选用的糖为艾素糖，适合糖尿病患者和需要减肥的人群食用。

（2）本产品选用无糖纯可可脂巧克力，热量低，风味纯正。

（3）本产品具有让人眼前一亮的外观和独特的口感，目前在国内市场暂无此类低GI甜品出现，市场前景广阔。

（4）本产品的衍生产品多，可以将产品外形制成南瓜、桃子等各种形状，内部填充的巧克力慕斯可更换成其他原料，开发不同系列、不同口味的衍生产品。

单元十　"四色同辉"果蔬披萨

第一节　产品概述

披萨是一种著名的意大利食物，在全球范围内广受欢迎。然而，不同国家和地区的人们对披萨的口味有着不同的偏好。通常，披萨的制作方法是在经过发酵的圆形面饼上涂抹番茄酱，撒上奶酪和其他配料，经过烤制而成。

披萨香醇味美，是当今快节奏生活中广受好评的美食，但也因为其快餐的性质，让人在享受美味时不由得担心其营养与健康。一直以来披萨都被视为高热量食品，而"四色同辉"果蔬披萨将会给消费者一个崭新的印象。"四色同辉"果蔬披萨选用天然食材为制作原料，营养丰富。同时，选用墨鱼汁、鲜榨黄瓜汁、火龙果以及玉米进行配色，"四色"的选用涵盖水果、蔬菜、谷薯类以及动物原料，既营养又健康。

现代人们的生活节奏快，对自身的健康和食物的营养也越来越关注，因此营养、健康、方便的速食食品越来越受到人们的青睐。本产品在传统制作工艺的基础上大胆创新，巧妙地将富含各类营养成分的汁液与面坯结合，打造营养丰富、方便速食的披萨。

本项目拟对各种食材的添加比例进行优化，从而提高披萨品质。本产品的开发对丰富速冻面食品种、调节大众口味、融会贯通我国传统文化与西式面点、繁荣地方经济等具有重要的意义。

第二节　工艺设计

1. 原料

小麦粉、酵母、食盐、白砂糖、黄油、墨鱼汁、火龙果、黄瓜、玉米、芝士、猕猴桃、菠萝、圣女果等。

2. 工艺流程

工艺流程如图2-29所示。

图2-29　工艺流程

3. 操作要点

和面汁制作：将火龙果、玉米、黄瓜洗净榨汁，墨鱼汁进行预处理。

面粉调配：将小麦粉、酵母、食盐、白砂糖、黄油等原料混匀。

和面：将称量好的面粉加入和面汁揉成面团，静待发酵即可。

定型：将发酵好的面团擀成圆饼放入模具进行塑形。

烘烤：烤箱预热至180 ℃，将定型好的面饼放入烤箱焙烤12 min左右取出。

冷冻：将烤好的面饼上面撒上配料，放入包装内进行速冻。

4. 感官评价标准

对披萨的风味、外观状态、色泽、弹性、硬度、黏性、口感和韧性等指标进行感官评价，产品的评分标准见表2-7所列。

表2-7　产品的评分标准

项　　目	评分标准
风味（20分）	香味浓厚（16～20分）；香味较淡（9～15分）；有异味（0～8分）
外观状态 （20分）	表面完整（16～20分）；稍有破裂（11～15分）；表面破裂（0～10分）
色泽（10分）	色泽光亮（8～10分）；色泽深暗（5～7分）；色泽淡白（0～4分）
弹性（10分）	轻压能迅速恢复（8～10分）；轻压不能完全恢复（5～7分）；轻压不能恢复（0～4分）
硬度（10分）	柔软（8～10分）；较硬（5～7分）；非常硬（0～4分）；
黏性（10分）	不黏牙（8～10分）；稍黏牙（5～7分）；非常黏牙（0～4分）
口感（10分）	咸甜适口（8～10分）；稍咸或稍甜（5～7分）；过咸或过甜（0～4分）
韧性（10分）	韧性好（8～10分）；韧性稍差（5～7分）；韧性非常差（0～4分）

第三节　产品包装设计

1. 产品简介

本产品选用小麦粉、酵母、食盐、白砂糖、黄油、墨鱼汁、黄瓜、火龙果、玉米、芝士、猕猴桃、菠萝、圣女果等原料经过定型、烘烤等工艺制作而成。本产品方便速食，烹饪方法简单，成品有特色。

2. 包装设计

本产品外包装采用纸盒包装，盒上印刷有诱人的披萨、果蔬原料等图片。内衬选择具有较高的抗拉强度，在低温下快速冷冻和储存食品时防止破裂，抗液体和水蒸气渗透的冷冻食品包装纸。

3. 产品展示

"四色同辉"果蔬披萨产品包装如图2-30所示。

图2-30　"四色同辉"果蔬披萨产品包装

第四节　产品创新点

（1）本产品原料丰富，香脆可口，色泽鲜艳，营养丰富。

（2）本产品具有让人眼前一亮的外观和独特的口感，具有良好的市场前景。

项目三

禽畜水产原料类创新产品

单元一　羊肉脯

第一节　产品概述

1. 研发背景

近年来，人们对健康越来越关注，对饮食的要求也越来越高，从吃得饱转变为吃得健康。市面上的休闲食品多以口味作为卖点，具有营养特色的休闲食品相对较少，亟待研发。

近年来，畜牧业发展迅速，如羊产业已逐渐发展为某些地方的主导产业。市面上的羊肉种类丰富，如烤羊肉串、羊肉火锅等。然而相当一部分消费者难以接受羊肉的膻味，使得羊肉相关的休闲食品较少。

肉脯是一种制作精良、口感美味、便于携带和保存的熟肉制品，深受大众欢迎。作为中式传统风味的肉制品，通常选用优质瘦肉，经过切片、腌制、晾干、烘烤等复杂工艺制作而成。肉脯在世界各地都享有盛名，销量颇佳。然而，肉脯的制作对原料质量和工艺要求极高，生产成本较高，售价也相对较高。目前市场上的肉脯主要以猪肉为主，种类和口味相对单一，无法完全满足消费者的需求。因此，研发各种新型肉脯，在原料选择和加工工艺上进行创新，已经成为行业的发展趋势，具有广阔的市场前景。

羊肉是世界广泛食用的肉类之一，包括山羊肉、绵羊肉等不同品种。相较于其他肉类，羊肉香味浓郁，肉质细嫩。在中医传统中，羊肉被认为具有御寒暖身、温补脾胃的功效。羊肉对于风寒引起的咳嗽、肾阳虚弱导致的腹部冷痛、体虚怕冷、腰膝酸软、面色黄瘦、气血不足等虚弱症状有益，尤其适宜于冬季食用，因此被称为冬季补品。

腐乳保留了大豆原有的多种活性物质，如大豆异黄酮和大豆多肽，同时含有微生物发酵产生的γ-氨基丁酸。

本产品将羊肉与腐乳结合，通过特殊的烹调方法使羊肉的香味与腐乳的香味融合。腐乳去除了羊肉的膻味，葱姜水和当归药汤去除了腐乳中令部分消费者难以接受的酸臭味，同时，猴头菇粉的添加让产品的营养价值更高。真空包装延长了产品的保质期，使产品成为即食性强的食补佳品。

2. 市场调研报告

本项目团队共发放了320份调查问卷，收回300份有效问卷。经统计，表示不知道羊肉脯的有189人（占63%），听过羊肉脯的有102人（占34%），知道羊肉脯的有9人（占3%）。消费者对羊肉脯的了解情况如图3-1所示。

在向消费者介绍了羊肉脯的相关信息及开展了产品免费品尝推广后，本项目团队对消费者的购买意向做了一次调查，共发放了200份调查问卷，最终得到180份有效问卷。经统计，表示不会买的有9人（占5%），会买的有50人（约占28%），愿意买回来试试的有121人（约占67%）。由此可知，很多人都愿意尝试羊肉脯方便食品。消费者对羊肉脯产品的购买意向如图3-2所示。

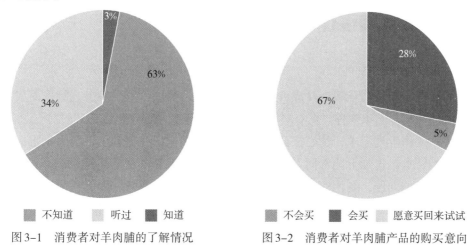

图3-1　消费者对羊肉脯的了解情况　　图3-2　消费者对羊肉脯产品的购买意向

通过本次调查得知，消费者购买羊肉脯的主要考虑因素是个人的喜好程度、价格、品牌等。消费者对羊肉脯了解得并不全面，但对羊肉脯产品好奇心较重，大部分消费者均表示愿意购买尝试。因此，羊肉脯产品能满足消费者的购买需求，其潜在消费者群体较大，市场推广较易，产品开发前景较好。

第二节　工艺设计

1. 原料

羊肉、腐乳、当归、八角、生姜、香叶、花椒、桂皮、胡椒、熟地黄、阿胶、黄芪、何首乌、枸杞、党参、女贞子、薏苡仁、焦三仙、猴头菇粉等。

2. 工艺流程

工艺流程如图3-3所示。

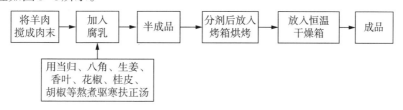

图3-3　工艺流程

3. 操作要点

肉末制作：在制作前必须去净筋膜，肉末不可太细。

驱寒扶正汤制作：用当归、八角、生姜、香叶、花椒、桂皮、胡椒、熟地黄、阿胶、黄芪、何首乌、枸杞、党参、女贞子、薏苡仁、焦三仙、猴头菇粉等熬制成汤，需熬煮15 min。

分剂：将羊肉末分成大小相等的薄肉饼放入烤箱中置于150 ℃下烤制，烤箱需提前预热。

包装：羊肉脯在常温下冷却3 h即可包装。

第三节 产品包装设计

1. 产品简介

本产品选用优质新鲜绵羊瘦肉搅成肉末，经过分剂、烘烤、烘干等工艺制作而成，风味独特，肉香浓郁，具备滋味鲜香、富有嚼劲、回味醇厚等特点。

本产品根据人体生理需求，精心按照营养互补原则制作，充分利用了羊肉高蛋白、低脂肪、低胆固醇的特点，再加上药食同源类食材，确保产品营养丰富。同时，本产品解决了羊肉腥膻味不易去除的问题，利用腐乳等食物来进一步提高羊肉的营养价值，使产品具有特殊的复合风味，营养更加丰富而全面。本产品具有一定的地域风味，营养价值高，老少皆宜。产品规格统一，开袋即食，保质期长，方便携带。

2. 包装设计

本产品外包装选用常规带透视窗的纸质牛皮纸袋装的形式和纸盒包装的形式，以防产品在运输过程中受到挤压导致产品破碎。内包装选择透明食品级塑料袋包装，每片肉脯采用独立小包装的形式，撕开即食，方便用易携带。抽真空包装，保质期较长。

3. 产品包装展示

羊肉脯产品包装如图3-4所示，羊肉脯产品标签如图3-5所示。

图3-4 羊肉脯产品包装

产品名称：神仙馋羊肉脯
主要原料：羊肉
配料：当归、八角、生姜、香叶、花椒等
生产地址：安徽省滁州市
致敏物质信息：本产品含有羊肉制品
净含量：45克/袋
保质期：8个月
生产日期：2021年12月6日
贮存条件：常温下放置阴凉处贮存

营养成分表

项目	每100克（g）	营养素参考值（NRV）%
能量		
蛋白质		
脂肪		
碳水化合物		
钠		

请保持环境卫生

图3-5　羊肉脯产品标签

第四节　产品创新点

（1）羊肉脯在市面上比较少见，能够激发消费者的购买和尝鲜欲望。

（2）腐乳羊肉是广州的特色菜肴，在其他地区较为少见，地域特色明显。通过工艺的改良，将腐乳和羊肉相结合，使腐乳能够激发羊肉的鲜味，羊肉能提升腐乳的豆香，成品形式变为羊肉脯，开袋即食，可以供更多地区消费者选择及品尝。

（3）羊肉脯中加入了猴头菇粉，营养价值较高。羊肉与菌类搭配，二者相互促进，羊肉更香，猴头菇更有营养。

（4）在制作羊肉脯时，加入了驱寒扶正汤，二者巧妙的结合让羊肉脯的补血、补虚、益气等功效要比传统的羊肉汤更好。

（5）本产品采用真空包装，保质期较长，安全风险较低。

单元二　低盐高钙肉脯

第一节　产品概述

肉脯是一种传统的肉制品，是我国传统饮食文化中的重要组成部分。我国各地区的肉脯有不同的特色和风味，如四川的辣酥肉、云南的火腿肉脯、台湾的肉干等，这些肉脯都体现出了当地的饮食文化和烹饪技巧。除了猪肉外，牛肉、鸡肉、羊肉、鱼肉等也可以用来制作肉脯。肉脯的制作一般包括腌制、晾晒、烘烤等多个步骤，需要严格控制温度和湿度，以确保肉脯的质量和口感。肉脯具有食用方便、美味可口、耐贮藏和方便运输等特点。肉脯作为一种传统的中式肉制品，已经成为我国独具魅力的美食之一，同时也反映了我国丰富多彩的地方文化和饮食文化。

"馋仙"低盐高钙系列肉脯是以健康为理念，采用低盐高钙的创新配方所制作的一系列特色肉脯产品。为了降低日常生活中盐的摄入，产品中用氯化钾和氯化钙代替部分钠盐，再加入天然骨粉，达到低盐高钙的效果。因此，"馋仙"系列低盐高钙肉脯十分具有发展前景。在我国传统文化的背景下，近年来人们对于食品质量和安全的要求越来越高，这也给"馋仙"系列低盐高钙肉脯的生产提供了契机和市场。

第二节　工艺设计

1. 果蔬鸡肉脯

1）原料

鸡肉、鸡骨粉、苹果、胡萝卜、紫甘蓝、白砂糖、料酒、低钠盐、十三香、味精、丙酸等。

2）工艺流程

果蔬鸡肉脯的工艺流程如图3-6所示。

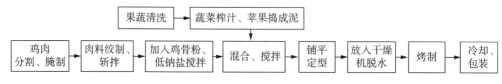

图3-6　果蔬鸡肉脯的工艺流程

3）操作要点

原料处理：将鸡肉剔除筋膜、脂肪和淤血，用生姜、料酒去腥、腌制；果蔬清洗干净后，将苹果捣成泥，将胡萝卜、紫甘蓝榨汁。

绞制、斩拌：将处理好的鸡肉放入绞肉机中绞成肉糜，肉糜需控制在10℃以下保鲜。

混合：将苹果泥、蔬菜汁与肉糜等混合，搅拌。

铺平定型：将肉糜放在保鲜袋中擀成3 mm薄饼状，去除保鲜膜，将其平整、整齐摆放在瓷盘上。

干燥、烘烤：将薄饼状肉片放入恒温干燥箱中，50℃预烘干30 min，烤箱设置200℃预热后，再将干燥完毕的肉脯其置于其中，烘烤18 min。

冷却、包装：烤制结束后，将产品冷却3 h，灭菌包装。

2. 海苔鱼肉脯

1）原料

鱼肉、无调味海苔、低钠盐、牛骨粉、生姜、柠檬、白醋、白砂糖、桂皮、八角、香叶、料酒、胡椒粉、味精等。

2）工艺流程

海苔鱼肉脯的工艺流程如图3-7所示。

图3-7 海苔鱼肉脯的工艺流程

3）操作要点

原料处理：选择新鲜、检验合格的鱼，剔除鲜度差的鱼；冻鱼在室温下用水解冻至半解冻状态。用桂皮、八角、香叶、低钠盐、料酒、胡椒粉、味精煮制调味汁，将无调味海苔捣碎，备用。

去皮、剖片：先将鱼头切下，然后沿着背椎骨朝向鱼尾方向剖下一片完整的鱼肉。再使用相同的方法获取另一片鱼肉，并清洗腹腔内的血污和黑膜。在剖片过程中要小心，避免破坏鱼胆。

去腥、漂洗：将鱼肉片放入浓度为6%的食盐水溶液中浸泡30 min，鱼肉与盐水的比例为1∶2。在浸泡过程中，翻动鱼肉2~3次。脱去腥味后，将鱼肉泡在5倍清水中，慢慢搅动8~10 min，然后静置10 min，倒掉漂洗液。按照以上方法重复操作3次，最后一次漂洗时使用浓度为0.15%的食盐水溶液，漂洗后沥干水分。

复合浸渍：将漂洗好的鱼肉置于调味汁中浸泡约1 h，取出后用纱布脱水。

铺平定型：将浸渍结束的鱼片平摊到板上，在保鲜袋中擀压成厚2~3 mm的薄层，揭去保鲜膜并将其贴在金属板上。摊片要求整齐、光滑，且片与片之间不能相连。

烘烤：将摊好的鱼片放入烘干箱中，先在50℃下预烘干30 min，再控制干制温度为200℃，时间为12 min。

冷却装包：烤制结束后，将产品冷却至室温，鱼片沥干油后装入真空包装袋中。

3.素肉脯

1）原料

大豆蛋白素肉、食用油、白砂糖、低钠盐、香辛料等。

2）工艺流程

素肉脯的工艺流程如图3-8所示。

图3-8　素肉脯的工艺流程

原料浸泡脱水：将大豆蛋白素肉浸泡30 s取出，用手轻轻挤压脱水。

称量、拌料：按配方准确量取辅料，将所有原料搅拌均匀。

分切、贴片：将素肉切成均匀的小块，注意厚薄一致，整齐贴片。

烘干、烘烤：在60 ℃下烘干1 h，30 min翻面一次；烘干完毕后送入烤箱，在200 ℃下烘烤12 min。

冷却、包装：取出素肉脯，冷却至室温后真空包装。

4.牛肉脯

1）原料

牛肉、牛骨粉、低钠盐、低盐腐乳、芝麻、辣椒、味精、丙酸、TBHQ。

2）工艺流程

牛肉脯的工艺流程如图3-9所示。

图3-9　牛肉脯的工艺流程

3）操作要点

原料预处理：选用检验合格的剔骨肉或碎牛肉，去除脂肪、筋膜、血斑等，清洗后沥干。

斩拌、绞碎：将经预处理的原料肉放入斩拌机斩成肉糜。

腌制：按配方加入辅料混匀溶解后，加入肉糜，在6～8 ℃腌制30 min。

切片、抹片：用切片机切成长为4 cm、宽为2.5 cm的肉片，用植物油刷烤盘，将混合肉糜均匀地涂抹到烤盘上，要求厚度为1.5～2.0 mm。

烘烤：将抹片均匀的混合肉糜放入电热烤箱烘烤，在200 ℃下烘烤20 min。

冷却、包装：烘烤结束后，将成品放入冷却间冷却。冷却间的空气需经净化消毒处理，用具必须严格消毒杀菌。成品冷却后，经人工整理，按质量进行分装。

第三节　产品包装设计

1.品牌Logo

Logo设计重点突出了"馋仙"二字（见图3-10）。"馋仙"是一个充满诙谐幽默意味的词，指能让天外仙人垂涎三尺，同时谐音"尝鲜"，寓意着产品的创新。

在Logo的外观设计上，主要以圆形为主。圆形的设计通常表示完美、和谐，表现出对高质量产品的不懈追求。绘画上以中国水墨画风格为主，以黑白的基调和水墨画独特的线条和笔触，营造了和谐的氛围，使作品更具表现力和美感。"SCRUMPTIOUS""好味道""鲜"代表着产品的特色和将产品走向世界的决心。

图3-10　品牌Logo

2.包装设计

产品包装采用淡绿色调，寓意着绿色、健康的理念。包装图画精美，设计时尚，内容清晰，功能齐全，有环保的精美纸袋包装（见图3-11），有便于携带的塑料包装（见图3-12），还有适合作为伴手礼的礼盒包装（见图3-13）。包装上印着清晰的二维码，消费者可使用手机扫描二维码以查看产品相关信息，并可为产品提出建议。

图3-11　纸袋包装

图3-12　塑料包装

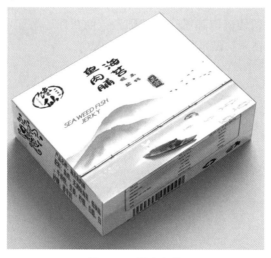

图3-13　礼盒包装

3.产品宣传图

不同"馋仙"低盐高钙系列肉脯有独特的产品展示宣传图（见图3-14、图3-15），让产品更加多元化，起到宣传和吸引顾客的作用。

图3-14　果蔬泥鲜肉脯宣传图

图3-15　牛肉脯宣传图

第四节　产品创新点

（1）为了满足不同消费者的口味需求，本系列产品推出了多种口味，这些口味既保留了传统肉脯的经典风味，又融入了新的元素，使产品更具吸引力。

（2）本系列产品通过优化配方，大幅降低了盐分含量，既保留了肉脯的美味，又满足了消费者对健康饮食的需求。

（3）本系列产品在保留传统肉脯风味的基础上，创新性地添加了钙元素，使消费者在享受美食的同时，也能补充钙质，满足特定人群对钙的需求。

单元三　风味禽爪

第一节　产品概述

鸡爪、鸭爪、鹅爪等禽爪具有筋多有嚼劲、皮厚肉少、易入味等特点。禽爪中蛋白质含量丰富，脂肪含量低，常用于制作卤制品，广受我国消费者喜爱。早在两千年前，卤味就作为下酒菜出现在大众餐桌。随着工艺的不断发展，卤制品本身呈现出多样性，根据制作方法的不同可分为酱卤、热卤、干卤等，根据产品的颜色可分为红卤、黄卤、白卤等，根据地域可分为川卤、潮汕卤味、泉州卤味等。每个地区的卤味都有其独特性，例如，川卤以棒棒鸡为代表，潮汕以卤鹅闻名，泉州则有洪濑鸡爪等特色美食。

近年来，随着人们生活水平的提高，禽爪制品的需求量也逐渐增加。然而，由于禽爪制品易于微生物的生长和繁殖，因此在包装和保存上存在一定的挑战，导致产品质量不够稳定。例如，卤鸭掌、卤鸡爪等制品是人们常吃的方便食品，大多数是现做现卖。随着市场需求的增长，常采用真空包装和高温杀菌等方式，同时添加符合要求的防腐剂来控制产品的微生物含量。然而，高温杀菌可能会降低禽爪制品的感官品质，使肉质变得不够韧和脆、颜色变暗、香味降低，这可能影响消费者对禽爪制品的消费选择。

我国卤味行业虽历史悠久，市场却较为分散。只有很少一部分禽爪被加工成为食品销售，更多的是被加工成饲料或者直接被废弃。因此，开发出风味独特的禽爪类休闲食品可满足消费者对禽爪食品的追求，提高禽类产品的附加值。

茶叶含有丰富的氨基酸、茶多酚、咖啡因等成分，具有多种益处，如降脂减肥、护齿明目、改善肠胃健康、增强免疫力等。随着茶叶的综合利用日益广泛，其在食品领域的应用研究正积极展开。茶叶经过各种深加工后可广泛用于禽肉类食品、烘焙食品、速冻食品、药膳食品、奶制品、豆制品、饮料、调味品等，如茶冰淇淋、茶月饼、茶巧克力、茶蛋糕、茶饮料等。将茶叶添加到食品中，不仅可以使人们享受到茶叶特有的清新自然风味，还可以利用茶的多种保健功能，这符合当今人们对自然、健康食品的追求，应用前景十分广阔。

茶叶的清香味在煮制过程中渗入禽爪中，不仅使禽爪具有清香持久的茶香，还具有一定的保健功能。

山楂、话梅等具有开胃的功效，用于禽爪类产品中可以让禽爪的口味更佳，有利于刺激食欲。

第二节 工艺设计

1. 茶香鸡爪

1）原料

鸡爪、食盐、白酒、白醋、红茶、桂皮、小茴香、白芷、肉蔻、大葱、花椒、八角、肉桂、料酒等。

2）操作要点

（1）将鸡爪清洗干净，沥干水。

（2）将鸡爪放在食盐、白酒、白醋与清水混合溶液中浸泡20 min，后用清水冲洗，去除异味，沥干水分。

（3）将鸡爪浸没在红茶、盐水混合溶液中，腌制24 h，温度维持在3～5 ℃。

（4）将腌制后的鸡爪低温烘干，烘干温度为40～45 ℃。

（5）在锅内加入饮用水，加食盐、红茶、桂皮、小茴香、白芷、肉蔻、大葱、花椒、八角、肉桂、料酒等调味料，旺火烧开5 min。将除血除腥后的鸡爪放入锅中，再次烧开后转中火，每隔5 min左右翻动鸡爪，至鸡爪有七分熟后转小火盖锅盖，焖煮30～40 min后捞出，沥去汤汁，置于低温通风环境晾干，即得熟鸡爪。

（6）按照规格将鸡爪装入复合包装袋中进行真空包装（真空抽取40 s，热封3 s），以确保封口整洁。

（7）杀菌，即得成品。

2. 糖醋鸡爪

1）原料

鸡爪、话梅、山楂、番茄酱、白砂糖、白醋、食盐、茶籽油、八角、桂皮、料酒、姜、蒜等。

2）操作要点

鸡爪预处理：鸡爪清洗干净，剪掉鸡爪的趾尖，再清洗一遍，浸泡（加话梅、山楂、八角、桂皮、料酒、姜、蒜等，浸泡20～40 min），电磁炉调至2000 W，煮5 min左右至半熟，取出鸡爪，摊开晾凉。

调配：将番茄酱、白醋、白砂糖等原料在锅中混匀熬煮。

上浆：将做好的鸡爪平摊在操作台上，将在锅中调配好的料汁裹在鸡爪周边，形成晶莹剔透色彩。

包装：将上述包裹好的鸡爪晾干，进行密封包装。

3）感官品质要求

对糖醋鸡爪的风味、外观状态、色泽、弹性、硬度、黏性、咀嚼性等指标进行感官评定，产品的评分标准见表3-1所列。

表3-1　产品的评分标准

项　目	评分标准
风味（20分）	酸甜可口，香味浓厚（16～20分）；略酸或略甜，香味较淡（9～15分）；过酸或过甜，有异味（0～8分）
外观状态（20分）	表面完整（16～20分）；稍有破裂（11～15分）；表面破裂（0～10分）
色泽（10分）	色泽光亮（8～10分）；色泽深暗（5～7分）；色泽较淡（0～4分）
弹性（10分）	轻压迅速恢复（8～10分）；轻压不能完全恢复（5～7分）；轻压不能恢复（0～4分）
硬度（10分）	柔软（8～10分）；较硬（5～7分）；非常硬（0～4分）
黏性（10分）	不黏牙（8～10分）；稍黏牙（5～7分）；非常黏牙（0～4分）
咀嚼性（20分）	易咀嚼（16～20分）；不易咀嚼（9～15分）；非常难咀嚼（0～8分）

第三节　产品包装设计

1. 产品简介

本系列产品以鸡爪、话梅、山楂、番茄酱、茶籽油、桂皮、八角、料酒等为原料，研发口味独特、气味芳香的特色鸡爪，并结合禽爪的特色，开发速冻半成品，能够满足消费者方便实用的需求。

2. 包装设计

本系列产品外包装采用透明视窗塑料袋包装和不透明包装两种形式，内包装采用独立小袋包装的形式，方便消费者食用。包装设计充分利用禽爪种类、选用原料、产品特色等元素，自然形象，特色鲜明。

3. 产品包装展示

茶香鸡爪成品如图3-16所示，糖醋鸡爪成品如图3-17所示，风味禽爪产品包装如图3-18所示。

图3-16　茶香鸡爪成品

图3-17　糖醋鸡爪成品

图3-18　风味禽爪产品包装

第四节　产品创新点

（1）本系列产品能够满足消费者对禽爪食品的追求，提高禽类副产品的附加值。

（2）将山楂、话梅等用于禽爪食品的制作过程中，可以给禽爪食品的研发提供新的思路。

（3）将茶叶等添加在禽爪食品的制作过程中，既可以丰富禽爪食品的品种，还可以提高茶叶的经济价值。

单元四　三味鱼酥

第一节　产品概述

1. 研发背景

近年来，随着人们消费观念的改变，不少传统食品已经不能满足消费者的需求，新型食品正悄然兴起。目前，市场上酥类点心口味较单一，不利于热食，尤其是以鱼肉为馅心的酥类点心，市场上近乎空白。

本产品改变传统制作工艺，巧妙地将富含蛋白质的鱼蓉与油酥相结合，制作成鲍鱼、鱿鱼等形状，打造营养丰富、方便速食的酥类食品。本产品的研发对丰富方便酥类面食品种、提升特色农产品附加值、提高地方特色食品品牌、传承中式面点文化等具有重要意义。

2. 市场调研报告

本项目团队共发放了330份调查问卷，收回300份有效问卷。经统计，对以鱼肉为原料的酥类食品表示熟悉的有10人，听说过的有100人，不了解的有190人。消费者对以鱼肉为原料的酥类食品的了解情况如图3-19所示。

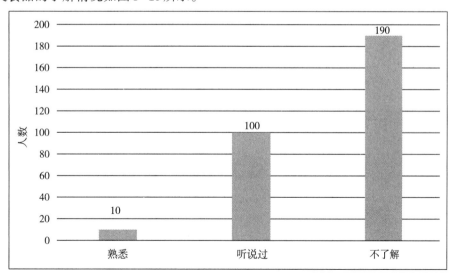

图3-19　消费者对以鱼肉为原料的酥类食品的了解情况

在向消费者介绍了三味鱼酥的相关信息及开展产品免费品尝推广后，本项目团队对消费者的购买意向做了一次调查，共发放了200份调查问卷，收回180份有效问卷。经统计，表示会买的有50人，不会买的有10人，愿意买回家尝试的有120人。由此可知，很多人都愿意尝试酥类新型方便食品。消费者对以鱼肉为原料的酥类食品的购买意向如图3-20所示。

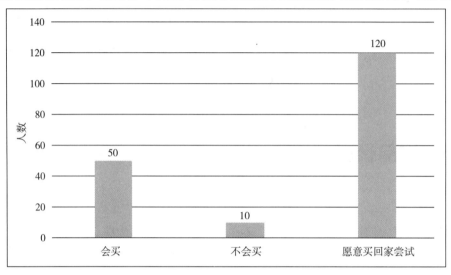

图3-20　消费者对以鱼肉为原料的酥类食品的购买意向

消费者对以鱼肉为原料的酥类食品的了解并不全面，但好奇心较重，大部分消费者均表示愿意购买尝试，所以该类产品的潜在消费者群体较大，产品开发前景较好。

第二节　工艺设计

1. 原料

黑鱼、中筋面粉、豆皮、鳗鱼汁、糯米粉、鸡蛋、茶籽油、起酥油、葱、姜、蒜、胡萝卜、玉米等。

2. 工艺流程

工艺流程如图3-21所示。

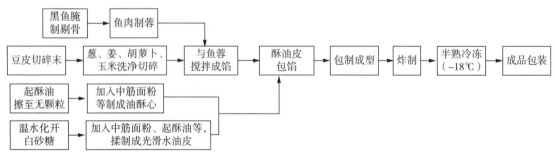

图3-21　工艺流程

3. 操作要点

鱼蓉制作：将鱼肉清洗干净，去鳞，去骨，用刀刮出鱼蓉，调味；将电磁炉调至2000 W，蒸 10 min 左右至半熟，取出鱼蓉，摊开、晾凉。

调配：将葱、姜、蒜、胡萝卜、玉米等切碎，与鱼蓉搅拌成馅。

包裹：将做好的油酥平摊在操作台上，将调配好的馅料放至油酥中央位置，将其包裹成鲍鱼、鱿鱼形状即可。

炸制：将上述包裹好的鱼酥放入油锅中炸至微微发黄（800 W，5 min）。

冷冻：鱼酥出油锅冷却 20 min 后放入冰箱速冻。

第三节　产品包装设计

1. 产品简介

本产品选用鱼蓉、豆皮、胡萝卜、玉米等原料，经包裹、炸制等工艺制作而成。产品标准统一，方便速食，烹饪方式灵活多样。

2. 包装设计

因本产品易碎，故采用盒装的形式。速冻包装盒封面印刷鱼的卡通图片、鱼酥实物图片等信息，更易让消费者产生联想和共鸣，刺激购买欲望。

3. 产品包装展示

三味鱼酥成品如图 3-22 所示，三味鱼酥产品包装如图 3-23 所示。

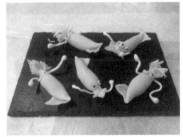

图 3-22　三味鱼酥成品

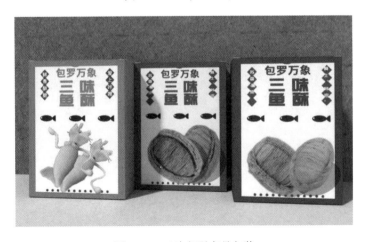

图 3-23　三味鱼酥产品包装

第四节　产品创新点

（1）本产品改变了传统的烹饪方式，将鱼蓉作为酥类食品的馅心，与油酥相结合，制成高蛋白、高钙等营养丰富、健康安全的休闲类食品，符合大众口味。

（2）本产品为半成品，采用冷冻包装技术，方便食用，烹饪方法多样，非常适合现代快节奏的生活。

（3）在保持风味和口感的基础上，结合我国传统面点文化，开发系列造型美观的中式点心，有利于优秀饮食文化的传播和交流。

单元五 分子烹饪下的药膳鸡胸肉

第一节 产品概述

分子烹饪和药膳是现代饮食中备受关注的话题。随着人们对健康和营养的关注度增加，药膳食品作为一种融合传统医学和现代烹饪技术的食品，越来越受到广大消费者的青睐。药膳食品不仅具备传统医学的理念，还提供了更多美味、健康的食品选择。随着分子烹饪技术的发展，我们可以将其与传统药膳结合起来，通过调控温度、时间和食材配比等，进一步提升药膳食品的质量和营养价值。分子烹饪技术，如低温慢煮、调味料融合、调配等，可以更好地提取草药的活性成分，增强其药用价值。

鸡胸肉作为一种健康、营养丰富的肉类食品，由于其低脂肪、高蛋白质、易消化等特点，越来越受到消费者的欢迎。本项目旨在利用分子烹饪技术探索药膳鸡胸肉的制作方法，使鸡胸肉在口感和营养方面达到新的高度。

第二节 工艺设计

1. 原料

鸡胸肉、鱼腥草、马齿苋、金银花、连翘、栀子、五香粉、黑胡椒粉、料酒、生抽、八角、面粉、食用油、生粉、发酵粉、生菜、莲子、海藻酸钠粉、乳酸钙粉等。

2. 工艺流程

工程流程如图3-24所示。

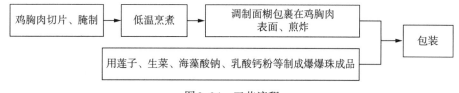

图3-24 工艺流程

3. 操作要点

1）药膳鸡胸肉

先将鸡胸肉切片，用木槌反复敲打，将鱼腥草、连翘、栀子、金银花、马齿苋、料酒、生抽、五香粉、黑胡椒粉等放入真空袋中，再将切好的鸡胸肉放在真空袋中，密封后腌制20 min。腌制完毕后，将装有调味品和鸡胸肉的真空袋放入恒温水浴锅中，在65 ℃左右的低温下进行烹煮。烹煮40 min后，关闭恒温水浴锅，将鸡胸肉从真空袋中取出，鸡胸肉口感依旧非常鲜嫩且不伴有腥味。再用八角、鱼腥草、马齿苋、金银花、面粉、食用油、生粉、发酵粉等制作成中草药调味品面糊，少量包裹在煮好的鸡胸肉表面。最后将裹好的鸡胸肉在小火下煎炸5~6 min，即可得到一道口感外焦里嫩且健康美味的药膳鸡胸肉。

2）生菜莲子爆爆珠

莲子去心、切成小块，生菜切成小块。10 g海藻酸钠加500 g热水，使用搅拌器和滤网将其充分搅拌至无明显块状。10 g乳酸钙粉加500 g热水，并将其搅拌均匀。准备500 g冰水，以及少量冰块备用。先用小勺子取出半勺搅拌好的海藻酸钠溶液，将切好的莲子和生菜各取出一粒放入小勺中，随后取出少量海藻酸钠溶液淋在莲子块和生菜块上，再将小勺子伸入乳酸钙溶液中，静置50~60 s，取出；将凝固好的生菜莲子小球放入冰水中充分冷却，即可得到生菜莲子爆爆珠。

第三节　产品包装设计

1. 产品简介

本产品选用鸡胸肉、鱼腥草、马齿苋、金银花等原料，采用分子烹饪技术中的低温真空蒸煮方法，使得鸡胸肉的口感更加鲜嫩。搭配以生菜、莲子、海藻酸钠粉、乳酸钙粉等为原料制作的生菜莲子爆爆珠，产品形式新颖，尤其是速冻的方式，深受消费者喜爱。

2. 包装设计

本产品选择防潮、防水、隔氧、耐高温的高分子材料作为内包装材料，保证产品能适应高温加工和储存环境，防止水分损失和细菌滋生，有效隔绝氧气，延长产品保质期。外包装材料采用醒目的色彩组合，突出产品特点。推荐使用的包装材料包括铝箔、聚乙烯、聚丙烯等，也可考虑使用生物降解材料。外观设计选择橘黄色，更符合产品的特质。

3. 产品包装展示

药膳鸡胸肉成品如图3-25所示，生菜莲子爆爆珠成品如图3-26所示，药膳鸡胸肉产品包装如图3-27所示。

图3-25　药膳鸡胸肉成品

图3-26　生菜莲子爆爆珠成品

图 3-27　药膳鸡胸肉产品包装

第四节　产品创新点

（1）本产品在反复实验中探寻能够使中草药的药效和风味发挥到最佳时的温度和时间，以及鸡胸肉在低温烹煮过程中口感最鲜嫩、最适宜再加工的温度和时间。

（2）本产品以鸡胸肉作为核心材料，在此基础上加以清热解毒的中药材作为辅料腌制，将营养价值丰富的鸡胸肉和中草药相结合，以膳食的方法达到药食同源的效果。同时，为满足快节奏生活下人们对于饮食方便性与健康性的要求，利用分子烹饪技术中的低温真空烹煮的方式对药膳鸡胸肉进行预处理，将其制为更为便利的预制品。相较于传统的烹饪方式，分子烹饪技术不仅使产品具备更好的色、香、味、形，还尽可能保留其营养价值以及中草药的有效成分，以更好地发挥补充营养的作用。

（3）在辅料上，利用正向球化技术将生菜与莲子制成爆爆珠，以用于补充人体必需的维生素。目前，爆爆珠大多数出现在奶茶或其他甜品类产品中，这种利用膳食制成爆爆珠较少见，在一定程度上可以促进食品相互融合。

单元六　药膳菌菇鸡爪汤

第一节　产品概述

鸡爪中胶原蛋白含量丰富，具有筋多有嚼劲、皮厚肉少、易入味等特点，广受消费者喜爱。目前市场上各类禽爪品种丰富，但禽爪相关的药膳类菜品较少，药膳菌菇鸡爪汤可填补市场的空白。

本研究选取品质上好的菌菇和鸡爪，添加药食同源原料，通过煲汤的工艺制成药膳菌菇鸡爪汤。

第二节　工艺设计

1. 原料

鸡爪、香菇、人参、食盐、生姜、红枣、枸杞、虫草花等。

2. 工艺流程

工艺流程如图3-28所示。

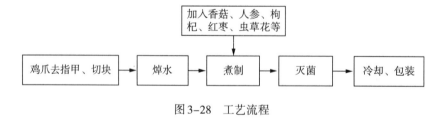

图3-28　工艺流程

3. 操作要点

原料预处理：将鸡爪进行清洗、去指甲、切块，香菇清洗后进行切片，人参等药食同源原料洗净泡水15 min。

煮制：取鸡爪置于电压力锅中，料水比为1∶3，加盐、生姜，煮制一定时间后，加入香菇、人参、枸杞、红枣、虫草花等，按照设定条件继续煮制一定的时间。

包装、储存：密封包装后速冻保存以有效地保持食品的色泽、香气、口味、新鲜度和品质，同时也便于储存、运输和销售。

第三节　包装设计

1. 产品简介

本产品使用的鸡爪、人参、香菇等营养丰富，富含蛋白质、维生素、矿物质和抗氧化剂等，对增强免疫力、促进消化、改善血液循环等都有益处。

2. 包装设计

本产品外包装采用塑料袋和纸盒两种形式。袋装以小分量包装的形式，每袋按一人份的量包装，包装袋上印有鸡爪、人参、虫草花等原料，色泽诱人。盒装选用抗压能力较强的纸盒包装，内包装为自热小碗包装形式和常温小碗包装形式。

3. 产品包装展示

药膳菌菇鸡爪汤产品Logo如图3-29所示，药膳菌菇鸡爪汤产品包装如图3-30所示。

图3-29　药膳菌菇鸡爪汤产品Logo

图3-30　药膳菌菇鸡爪汤产品包装

第四节 产品创新点

（1）菌菇的多样性：在传统的药膳菌菇鸡爪汤中，可以增加更多种类的菌菇，如松茸、牛肝菌、黑木耳等，这样不仅可以提供更多口感，增加营养，还可以满足消费者对不同菌菇的偏好和需求。

（2）药膳配方创新：结合传统中药和现代营养学，创新药膳配方，将具有补益作用的中药材与菌菇、鸡爪搭配，提供更全面的保健效果。还可以加入具有抗氧化、免疫调节、补血、补肝等功效的中药材。

（3）制作工艺的创新：探索更高效、更环保的制作工艺，如采用真空包装、低温熟化等技术，以保持食材的新鲜度和口感，并延长产品的保质期。

（4）个性化口味定制：为了满足不同消费者的口味喜好，可以选择不同的调味料和辣度，以制作出更符合个人口味的药膳菌菇鸡爪汤。

项目四

产品包装创新设计

单元一　饴糖包装创新设计

第一节　产品概述

　　谷物饴糖是将大麦麦苗中提取的糖煮制浓缩成稠糖液，将油炸、炒制或膨化的谷物、芝麻等混合其中，趁热切成小块状后冷却而成。谷物饴糖味道香甜，质地酥脆。谷物饴糖由于容易吸潮，且天气炎热时糖会发黏，导致产品仅在特定时间和区域销售，推广受到较大的限制。为了拉动产品的消费，可将其包装成为文创产品，把文化情怀传递给游客，增强旅游体验感。

　　谷物饴糖的外包装通常采用长方形袋装或盒装，规格统一，摆放方式一致，缺乏时尚感和创新性。这种包装设计未针对不同消费群体设计不同风格，一直以低端形象示人，无法吸引消费者的注意，尽管是优质土特产，但销售量却在全国范围内处于较低水平。

第二节　创新理念

　　本项目以食品包装为出发点，结合非物质文化遗产的特点和谷物饴糖的贮藏性能，对包装材料和造型进行设计，不仅提高了包装对食品的保护功能，还能够突出产品的地域特性和文化传承特性，使谷物饴糖成为一款文创产品。

　　针对目前的市场情况，设计普通包装袋和组合包装盒两种类型。普通包装袋采用双向拉伸聚丙烯/牛皮纸/氯化聚丙烯材料。内层为食品直接接面，采用双向拉伸聚丙烯材料，安全性高。中间层为牛皮纸，具有较强的耐磨性、韧性和抗拉伸性，可保护内部食品在运输时不被压缩；对光的阻隔性能强，有利于保护内部油炸产品抵抗光氧化作用；便于印刷，可直接在牛皮纸层印刷标签内容。最外层的氯化聚丙烯具有防水、防潮的作用，避免牛皮纸吸水变形而破损。该包装材料可直接用于食品的包装，制作成袋子，携带方便且能耐受提拉带来的应力。

　　组合包装盒分为内包装和外包装。内包装采用复合纸双向拉伸聚丙烯/卡纸/氯化聚丙烯材料，制成盒子，直接装饴糖。外包装内设固定内衬，内衬中固定六个上述内包装盒。外包装采用纸板折叠粘贴而成，一方面通过质朴的风格传递产品的健康理念，另一方面纸包装材料回收率高，环保性能好。

第三节　产品包装设计

　　针对大众的传承非物质文化遗产的心理，设计出一种以牛皮纸袋为主要包装材料的包装袋（见图4-1～图4-4）。包装袋上印有纯手工制作的过程图，匠心融入，始终如一，不变的是记忆深处的传统味道。

图4-1　炒米糖产品包装

图4-2　花生酥产品包装

图4-3　芝麻糖产品包装

图4-4　谷物饴糖手提式产品包装

　　"年年有饴"款是推出的节日系列包装之一（见图4-5、图4-6），"年年有饴"谐音"年年有余"。该款包装以春节为背景，包装盒以大红色为底色，包括灯笼、大鱼、谷物饴糖以及欢乐的孩童等元素，图案喜庆、有寓意，符合中国人的审美。

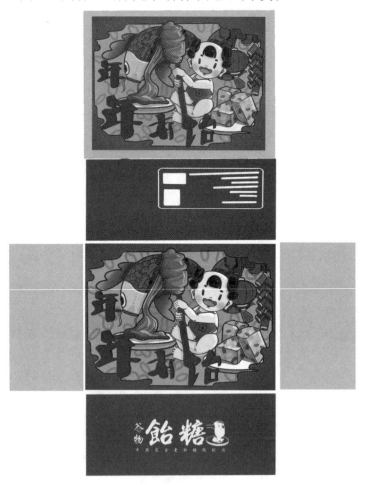

图4-5　"年年有饴"款产品包装展开图

图4-6　"年年有饴"款产品包装

　　"春风得饴"款是针对元宵节推出的款式（见图4-7、图4-8），"春风得饴"谐音"春风得意"。包装盒的元素为孩童以及各种款式的灯笼，生动形象。各种元宵节的元素环绕，喜庆吉祥。

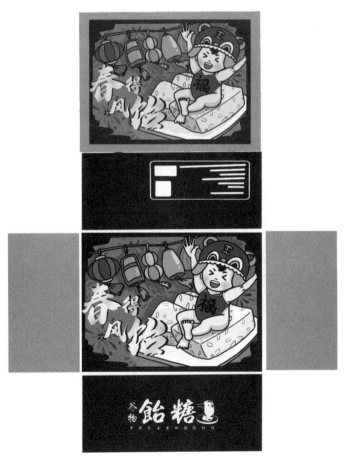

图4-7　"春风得饴"款产品包装展开图

图4-8　"春风得饴"款产品包装

　　"万事饴新"款是针对端午节推出的款式（见图4-9、图4-10），"万事饴新"谐音"万事一新"。包装盒的元素为粽子、雄黄酒和吃芝麻糖的孩童。雄黄酒驱邪避恶的寓意与"万事一新"主题呼应，设计生动。

图4-9　"万事饴新"款产品包装展开图

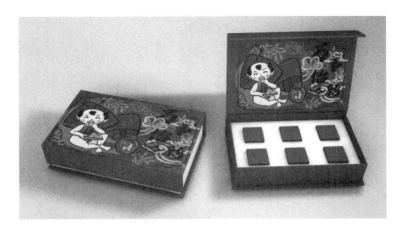

图4-10 "万事饴新"款产品包装

　　"欢聚饴堂"款是针对中秋节推出的款式（见图4-11、图4-12），"欢聚饴堂"谐音"欢聚一堂"。包装盒的元素是月亮和赏月吃糖的孩童，盒面蓝色底色让人感觉到夜晚的宁静，与孩童的欢声笑语形成对比，图案寓意鲜明。

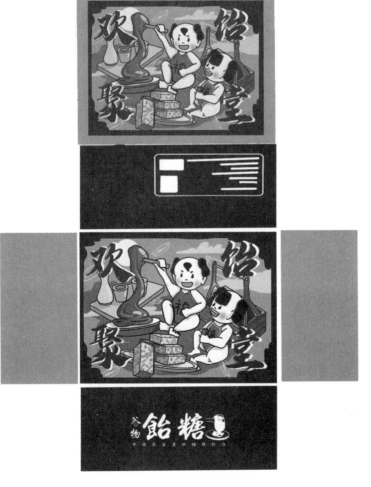

图4-11 "欢聚饴堂"款产品包装展开图

图4-12　"欢聚饴堂"款产品包装

第四节　产品创新点

（1）本项目的包装设计与中国传统节日中的春节、元宵节、端午节、中秋节等相结合，设计出了独特的外观样式，提升了这类传统食品在消费者心中的形象和地位。

（2）本项目选取的包装解决了传统包装材料带来的隔热性差、不密封、不便于携带等一些影响消费者食用体验的痛点。

（3）本项目采用的独立包装给产品的储存带来极大的便利。

单元二　一"热"钟情姜恋奶包装创新设计

第一节　产品概述

虽然生姜作为调味料深受人们喜爱，但目前流行的姜制品不多，多为腌制姜、姜糖、姜茶等，产品形式不够多样化，口感与气味也比较大众化。市场上姜与牛奶融合的产品尚未得到充分开发，目前仅有少数半固体型姜奶饮料可供选择。这些产品通常由姜粉、奶粉、糖粉、增稠凝固剂和品质改良剂等原料制成，食用时需要加入开水冲调，从而存在一些缺点，例如冲调后容易出现底部沉淀，口感与使用新鲜姜汁和鲜奶现做的产品相比有较大差距。

本项目从专业角度出发，研发便捷式、商品化的"姜撞奶"，旨在实现产品口感最优化，购买便捷化。研发的姜撞奶产品还可在传统味道上添加其他美味、营养、健康的原料，使口味更加浓郁，营养更加丰富，制作更加快捷，功能更加全面。

第二节　技术方案

包装采用食品级PP材质，耐高温，耐冲击，健康环保。采用分层包装，分为三层，姜汁杀菌后单独放在一层，牛奶杀菌后单独放在一层，最底层为自热装置。

消费者食用时，先加热牛奶，等牛奶温度升高到指定适宜温度后，将姜汁加入，经过一定时间，凝固成姜撞奶后即可享受美味。该包装设计中还融入了文化意象，不仅能够使姜撞奶这种传统食品得以宣传和推广，同时也促进了现代食品包装设计的多元化发展。

本项目团队设计了一种姜撞奶的包装容器（见图4-13、图4-14）：

（1）外盒的内部设有牛奶盒；

（2）牛奶盒底端与外盒的底内壁之间设置有支架；

（3）外盒的内壁顶端与牛奶盒的外壁之间设置有上密封膜，且外盒的内壁底端与牛奶盒的外壁之间设置有下密封膜，上密封膜与下密封膜之间设置有储水腔；

（4）外盒的底内壁放置有发热包，外盒的底端外壁设有底盖，底盖与外盒之间设置有撕裂线；

（5）外盒的外部包裹有热收缩膜。

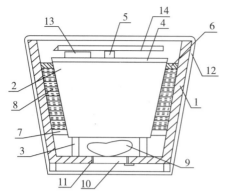

1—外盒；2—牛奶盒；3—支架；4—牛奶盒盖；

5—透气孔；6—上密封膜；7—下密封膜；8—储水仓；

9—发热包；10—底盖；11—撕裂线；12—热收缩包；

13—姜汁包；14—插针。

图4-13　姜撞奶产品包装内部结构

图4-14　姜撞奶产品包装外观展示

第三节　产品包装展示

姜撞奶产品包装如图4-15所示。

图4-15　姜撞奶产品包装

第四节 产品创新点

（1）本项目团队致力于颠覆传统姜撞奶的观念，不再局限于现做现吃的模式，而是注重食品的营养成分、创新的食用方式和包装设计。本产品可由消费者自行制作，操作简单、方便，在品尝美味的同时，又可享受制作美食的乐趣。

（2）市面上的姜撞奶产品仅是姜汁与牛奶的融合，部分人可能难以接受姜汁的刺激味道。本产品打破了姜撞奶产品味道单一的局限，口味可根据消费者调整，灵活多变。本产品可以在传统味道的基础上添加蔓越莓干、花生、葡萄干、芒果丁、坚果等，既丰富口感，又提升营养价值，使其更具有饮食魅力。

单元三　免切分凉粉的包装容器创新设计

第一节　产品概述

凉粉是一种由各类淀粉经糊化后形成的冻状食品，食用时添加酱油、醋、辣椒油等，口感清凉爽滑。

目前市场上的凉粉通常采用塑料袋或塑料碗包装，呈整块状，消费者需要自行切分成条状，调味后即可食用。这种食用方式存在一些缺陷，消费者需要自备刀具和砧板，卫生难以保证，同时也不够便利，不符合现代消费需求。

本项目提供了一种免切分凉粉的包装容器，弥补了现有技术的不足，设计合理，结构紧凑。采用个体包装，每份凉粉已经预先切分成条状，并配有方便的调味包，消费者无须自备刀具和砧板，打开包装撒上调味汁即可食用，既卫生又方便，符合现代人的消费需求。

第二节　技术方案

本项目团队设计一种免切分凉粉的创新包装容器，该容器采用上端开口的敞口结构，呈矩形形状，并且容器底部向内倾斜，使得凉粉可以被轻松取出。这种设计不仅方便消费者取用凉粉，还避免了切分带来的卫生问题，提升了食用体验。容器上端边缘一体成型，有边缘台阶，内腔平行设有多个分隔条，且多个分隔条与容器体的内腔一体成型，边缘台阶的上端覆盖有热封膜。多个分隔条之间的距离为2~2.5 cm，分隔条的数量不少于6个。热封膜的上端中部设有印刷区，热封膜的侧壁边缘设有撕拉部，且撕拉部与热封膜一体成型。热封膜的上端边缘设有环形的裁剪线，且裁剪线与容器体的上端开口相匹配。容器体和热封膜均为食品级PE材质。

在凉粉加工成糊状但未冷却成型前，将糊状凉粉趁热注入容器体中，并立即封口。随后，待凉粉冷却固化后，容器内部的多个分隔条会将成型的凉粉均匀分隔为相同规格的条状，从而为消费者提供方便、快捷的食用体验。

第三节　设计效果图

免切分凉粉的包装容器外观示意如图4-16所示，免切分凉粉的包装容器结构示意如图4-17所示。

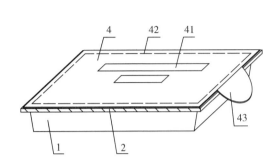

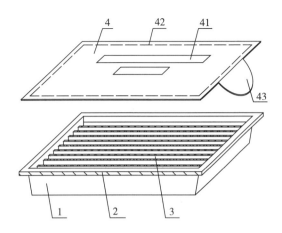

1—容器体；2—边缘台阶；4—热封膜；

41—印刷区；42—裁剪线；43—撕拉部。

图4-16　免切分凉粉的包装容器外观示意

1—容器体；2—边缘台阶；3—分隔条；4—热封膜；

41—印刷区；42—裁剪线；43—撕拉部。

图4-17　免切分凉粉的包装容器结构示意

第四节　产品创新点

（1）消费者在打开容器后即可直接食用条状凉粉，无须再切分，食用方便，且有效地保证了食品的卫生。

（2）在热封膜上设置裁剪线和撕拉部，通过撕拉部可以便捷地撕拉热封膜，开启容器便捷。在撕拉部撕拉不畅的时候，可以沿着裁剪线对热封膜进行裁剪，从而打开包装。

单元四 椰饮——0反式脂肪酸奶茶包装创新设计

第一节 产品概述

茶饮类食品研发的产业主要受到消费市场趋势、产业发展趋势和智能化技术应用的影响。随着市场的不断变化和发展，茶饮行业将不断创新和完善，以满足消费者的多元化需求，推动产业的持续发展。随着人们生活水平的提高和消费观念的变化，消费者对产品包装的要求也日益提高。奶茶市场竞争激烈，为了吸引消费者的眼球和提升产品的竞争力，品牌方需要不断进行包装创新设计，以区别于竞争对手，塑造独特的品牌形象。

奶茶作为一种受欢迎的饮品，在现代消费市场中扮演着重要角色。随着消费者对品质、创新和体验的不断追求，奶茶包装设计日益成为品牌竞争中的关键，因此，深入研究奶茶包装的创新设计至关重要。

首先，了解市场需求和消费趋势对奶茶包装创新至关重要。随着生活节奏的加快和对品质的要求提升，人们越来越倾向于购买外观美观、方便携带、易于食用的奶茶产品。因此，奶茶包装设计需要与时俱进，注重实用性和美观性的结合，以满足消费者不断变化的需求。

其次，品牌竞争也是奶茶包装创新设计的重要背景之一。各大奶茶品牌争相推出新品、拓展市场，包装设计成为宣传品牌形象、吸引消费者的重要手段。因此，奶茶包装设计需要与品牌定位相契合，突出品牌特色，提升品牌辨识度和竞争力。

再次，用户体验和环保意识也是奶茶包装创新设计的考量因素之一。消费者对于产品包装的便利性和环保性越来越重视，因此，奶茶包装设计需要注重用户体验，考虑易于打开、携带和回收利用的特点，以提升消费者的满意度和品牌形象。

最后，技术创新为奶茶包装设计提供了更多可能性。利用新型材料、特殊工艺和数字化技术可以实现奶茶包装的个性化定制、视觉效果增强和功能性提升，为消费者带来更加丰富的消费体验。

综上所述，奶茶包装创新设计背景涵盖了市场需求、品牌竞争、用户体验、环保意识和技术创新等多个方面。深入研究这些因素，可以为奶茶包装设计提供更加有针对性和创新性的解决方案，实现品牌与消费者的双赢。

第二节 技术方案

内置独立包装要能较好地隔绝空气，故选用氯化聚丙烯材质透明包装袋，透明度高、成本低廉。外包装选用的则是透明磨砂食品聚丙烯袋，半透明效果可以让顾客直观地看到里面的产品实物。

第三节　产品包装展示

奶茶产品Logo如图4-18所示，奶茶产品包装如图4-19所示。

图4-18　奶茶产品Logo

图4-19　奶茶产品包装

第四节　产品创新点

（1）本产品包含粉包、料包等，独立包装，能较好地隔绝空气。

（2）本产品外包装具有半透明的效果，消费者可直观地看到实物。

参考文献

［1］陈双琴，顾雪，黄菊媛，等.糯稻种质胚乳淀粉组分含量及其消化特性［J］.食品科学，2023，44（20）：309-314.

［2］杨婷婷.铜陵白姜对口腔有害菌的抑制作用及白姜咀嚼片的研制［D］.滁州：安徽科技学院，2022.

［3］邵万宽.中国美食设计与创新［M］.北京：中国轻工业出版社，2020.

［4］刘钊，张玉璇.香蕉紫薯雪媚娘制作工艺研究［J］.肇庆学院学报，2021，42（2）：62-68.

［5］李祥勇.食品用预拌粉加工过程风险及相关验证技术要求的探析［J］.市场监管与质量技术研究，2023（4）：29-34.

［6］李坤.小麦胚芽营养价值及加工工艺思考［J］.现代食品，2023，29（10）：51-53.

［7］李雪琴.乡村振兴背景下地方特色农产品包装设计研究［J］.包装工程，2024，45（8）：450-455.

［8］邱宁.美食鉴赏与食品创新设计［M］.北京：中国轻工业出版社，2021.

［9］张智鑫，汤娇娇，王远亮，等.腐乳制作过程品质影响因素研究进展［J］.农产品加工，2022（3）：58-63+67.

［10］钟盼，杨林超，王妨，等.响应面法优化油酥烧饼加工工艺的研究［J］.食品安全导刊，2022（11）：155-158+162.

［11］朱道媛.红枣的营养价值及保健功效分析［J］.现代食品，2023，29（20）：142-144.

［12］林晓丽，郎凯瞳，郑宝东，等.山药营养功能特性及其产品开发现状［J］.食品与发酵工业，2023，49（6）：339-346.

［13］马德坤，王汝华，吕筱，等.亚麻籽蛋白特性及营养价值分析［J］.食品科学，2022，43（6）：257-264.

［14］钱召影，李凤林，张丽，等.荞麦在低GI食品中的开发及应用研究［J］.粮食问题研究，2023（6）：40-43.

［15］张晓薇，弓强，彭晓夏.不同产地黄芪种子蛋白质和氨基酸的含量测定及营养分析［J］.农产品加工，2023（12）：43-46+49.

［16］文周.食品包装技术［M］.北京：中国轻工业出版社，2017.

［17］孙海蛟，王术娥，王玉明，等.黑木耳的营业价值及深加工［J］.食品安全导刊，2022（17）：110-112.

［18］秦琦，张英蕾，张守文.黑豆的营养保健价值及研究进展［J］.中国食品添加剂，2015（7）：145-150.

［19］李彦军，张方剑，王勇，等.主粮化大背景下我国马铃薯产业专利分析及创新趋势研究［J］.农产品加工，2021（14）：91-96+99.

［20］李庆双.马铃薯营养价值及产业种植分析［J］.食品安全导刊，2021（11）：56-58.

［21］刘易伟，胡文忠，姜爱丽，等.辣椒的营养价值及其加工品的研发进展［J］.食品工业科技，2014，35（15）：377-381.

［22］黄海，李友广.果味辣椒酱的加工方法与配方［J］.食品工业科技，2008（6）：216-218.

［23］袁传祯，崔波，魏英勤，等.海带辣椒酱的研制［J］.中国酿造，2008（22）：97-99.

［24］夏文水.食品工艺学［M］.北京：中国轻工业出版社，2007.

［25］周合平.功能性调味品——海带牛肉辣椒酱的研制探讨［J］.科技创新导报，2014，11（5）：213-214.

［26］崔东波.海带牛肉辣椒酱的研制［J］.中国调味品，2011，36（6）：69-71.

［27］王春清，郑华艳，吕树臣，等.熏制风味林蛙卵辣椒酱的加工工艺［J］.肉类工业，2015（1）：17-20.

［28］朱道媛.红枣的营养价值及保健功效分析［J］.现代食品，2023，29（20）：142-144.

［29］牛德宝，叶鸿儒，冯小芹，等.火龙果主要生物活性成分及其功能特性研究进展［J］.广西科学院学报，2024，40（1）：9-20.

［30］许欢欢，何爱民，吉洋洋，等.核桃的营养价值、保健功能及开发前景［J］.食品工业，2023，44（5）：342-346.

［31］冯源.猴头菇的营养价值及在食品中的应用研究进展［J］.现代农村科技，2019（4）：105-106.

［32］陈章娥.香菇的应用价值与前景展望［J］.现代食品，2023，29（6）：26-28.

［33］吴晶，高蓝洋.创新菜品设计与制作［M］.北京：中国轻工业出版社，2021.

［34］李丽，周荣菊，罗平刚.土人参的营养价值及加工利用现状［J］.安徽农学通报，2016，22（20）：31+40.

［35］王艺涵，马力峥，赵佳琛，等.经典名方中饴糖的本草考证［J］.中国实验方剂学杂志，2022，28（10）：247-261.

附　录

问卷调查表

问卷调查表——姜小糯

亲爱的先生/女士：

您好！

为了更好地满足消费者对糯米产品的需求，我们设计了此份调查问卷。希望您能抽出宝贵的时间回答一些问题。感谢您的支持与配合！

1. 您的性别。（　　）

A. 男　　　　　　　　　　　　　　B. 女

2. 您的年龄。（　　）

A. 18岁以下　　　　　　　　　　　B. 18~25岁

C. 25~30岁　　　　　　　　　　　D. 30岁以上

3. 您的职业。（　　）

A. 工人　　　　　　　　　　　　　B. 农民

C. 学生　　　　　　　　　　　　　D. 白领或行政人员

4. 您对糯米产品的认知度。（　　）

A. 知道　　　　　　B. 听说过　　　　　　C. 不知道

5. 您选择糯米产品看重下面哪个因素？（　　）

A. 品牌　　　　　　B. 广告　　　　　　C. 口味　　　　　　D. 价格

E. 营养价值

6. 您喜欢购买哪种包装形式？（　　）

A. 纸盒　　　　　　B. 袋装　　　　　　C. 现做现卖

7. 您一般在哪里购买糯米产品？（　　）

A. 超市　　　　　　B. 小卖部　　　　　　C. 食堂　　　　　　D. 其他

8. 您喜欢什么材质的外包装？（　　）

A. 透明玻璃纸袋　　　B. 真空包装　　　　　C. 礼盒　　　　　　D. 其他

9. 您对生姜加山药的食物营养价值的了解程度。（　　）

A. 不是很了解　　　　　　　　　　　B. 了解

C. 很了解　　　　　　　　　　　　　D. 不知道，没吃过

10. 您对糯米产品的健康性的要求。（　　）

A. 无所谓　　　　　　B. 一般　　　　　　C. 高　　　　　　D. 非常重视

11. 您能接受的糯米产品的价位。（　　）

A. 10元

B. 15元

C. 25元

D. 无所谓，只要喜欢

12.如果市面上推出不同口味的糯米产品，您的选择是什么？（　　　）

A. 买一些试试

B. 无所谓

C. 一定会买

D. 一定不买

感谢您的支持与帮助！

年　　月　　日

问卷调查表——雪媚娘

亲爱的先生/女士：

您好！

为了更好地满足消费者对自热速食面的需求，我们设计了此份调查问卷。希望您能抽出宝贵的时间回答一些问题。感谢您的支持与配合！

雪媚娘外表皮是Q弹的雪媚娘冰皮，内馅是香甜的水果。

1.您的性别。（　　　）

A.男　　　　　　　　　　　　　　　　B.女

2.您的年龄。（　　　）

A.20岁以下　　　　　B.20～30岁　　　C.30～40岁　　　　D.40岁以上

3.您每月可支配的收入是多少？（　　　）

A.1000元以下　　　　　　　　　　　B.1000～2000元

C.2000～3000元　　　　　　　　　　D.3000～4000元

E.4000元以上

4.您平时爱吃雪媚娘吗？（　　　）

A.是　　　　　　　　　　　　　　　　B.否

5.您是否愿意亲自制作雪媚娘？（　　　）

A.是　　　　　　　　　　　　　　　　B.否

6.你觉得制作雪媚娘最麻烦的步骤是什么？（　　　）（多选）

A.材料的准备　　　　　　　　　　　B.材料的混合比例

C.雪媚娘的蒸煮　　　　　　　　　　D.黄油的添加

E.馅料的包裹

7.如果材料准备完善您是否愿意制作雪媚娘？（　　　）

A.是　　　　　　　　　　　　　　　　B.否

8.您更愿意购买何种口味的雪媚娘？（　　　）

A.原味　　　　　　　B.芒果味　　　　C.奥利奥味　　　　D.鲜花味

9.您认为一盒雪媚娘的价位是多少比较合适？（　　　）

A.7～10元　　　　　B.10～13元　　　C.12～15元　　　　D.15～18元

E.其他

10.您购买雪媚娘更看重什么？（　　　）（多选）

A.品牌　　　　　　　B.口感　　　　　　　C.价位　　　　　　　　D.美观

E.材料新奇　　　　　F.购买方便　　　　　G.熟人制作

11.如果小孩子有兴趣，您会尝试和孩子一起制作雪媚娘吗？（　　　）

A.会，这是与孩子促进感情的一种游戏

B.不会，这并没有多大意义

12.您认为预拌粉对于烘焙食品的制作有什么意义？

感谢您的支持与帮助！

年　　月　　日

问卷调查表——油皮面鱼

亲爱的先生/女士：

您好！

为了更好地满足消费者对油皮面鱼的需求，我们设计了此份调查问卷，希望您能抽出宝贵的时间回答一些问题，感谢您的支持与配合！

1.您的性别。（　　）

A.男 　　　　　　　　　　　　　　　B.女

2.您的年龄。（　　）

A.18岁以下　　　　B.18～25岁　　　　C.25～30岁　　　　D.30岁以上

3.您的职业。（　　）

A.工人　　　　　　B.农民　　　　　　C.学生　　　　　　D.白领或行政人员

4.您的文化程度。（　　）

A.小学　　　　　　B.初中　　　　　　C.高中　　　　　　D.大学及以上

E.未上过学

5.您对油皮面鱼的认知度。（　　）

A.听说过，未食用过　　　　　　　　　B.食用过，很熟悉

C.不了解，未听说过

6.您选择面鱼类食品更看重哪个因素？（　　）

A.品牌　　　　　　B.广告　　　　　　C.口味　　　　　　D.价格

E.营养价值　　　　F.包装

7.您一般在哪里购买面鱼？（　　）

A.超市　　　　　　B.小卖部　　　　　C.早餐店　　　　　D.其他

8.您对油皮面鱼的营养成分了解程度如何？（　　）

A.不是很了解　　　　B.了解　　　　　C.很了解　　　　　D.不知道，没吃过

9.您更愿意选择哪种口味的面鱼？（　　）

A.甜味　　　　　　B.咸味　　　　　　C.麻辣味　　　　　D.香辣味

E.其他

10.您对油皮面鱼外观造型的要求。（　　）

A.无所谓　　　　　B.一般　　　　　　C.重视　　　　　　D.非常重视

11.您觉得面鱼属于哪种类型的食品？（　　）

A.早餐食品　　　　　　B.午餐食品　　　　　　C.晚餐食品　　　　　　D.夜宵食品

E.休闲食品

12.您喜欢什么材质的面鱼类食品外包装?(　　)

A.塑料袋　　　　　　　B.塑料盒　　　　　　　C.纸盒　　　　　　　　D.精美礼盒

13.你能否接受面鱼冷冻包装?(　　)

A.能　　　　　　　　　B.可以试试　　　　　　C.不能

14.您觉得面鱼适合何种包装?(　　)

A.整条包装　　　　　　B.小块包装　　　　　　C.片状包装

15.您觉得每份面鱼净重多少克比较合适?(　　)

A.100~150克　　　　　B.150~200克　　　　　C.200~250克　　　　　D.250~300克

16.您能接受的油皮面鱼的价位。(　　)

A.10元/份　　　　　　　B.15元/份　　　　　　C.20元/份　　　　　　D.无所谓,只要喜欢

17.如果超市出售油皮面鱼,您的购买意愿如何?(　　)

A.买一些试试　　　　　B.无所谓　　　　　　　C.一定会买　　　　　　D.一定不买

18.如果超市出售油皮面鱼,您更倾向于选择哪种?(　　)

A.冷冻面鱼　　　　　　　　　　　　　B.即食面鱼

19.您更愿意选择哪种烹饪方式对面鱼进行加工?(　　)

A.蒸　　　　　　　　　B.炸　　　　　　　　　C.煎　　　　　　　　　D.烤

20.您觉得面鱼的保质期多久最为合适?(　　)

A.三天　　　　　　　　B.一周　　　　　　　　C.两周　　　　　　　　D.一个月

E.三个月　　　　　　　F.半年

感谢您的支持与帮助!

年　　月　　日

问卷调查表——自热速食面

亲爱的先生/女士：

您好！

为了更好地满足消费者对自热速食面的需求，我们设计了此份调查问卷。希望您能抽出宝贵的时间回答一些问题。感谢您的支持与配合！

1.您的性别。（　　）

A.男　　　　　　　　　　　　　　　B.女

2.您的年龄。（　　）

A.18岁以下　　　　　　　　　　　　B.18~25岁

C.25~30岁　　　　　　　　　　　　D.30岁以上

3.您的职业。（　　）

A.工人　　　　　　　　　　　　　　B.农民

C.学生　　　　　　　　　　　　　　D.白领或行政人员

4.您对自热速食面的认知度。（　　）

A.知道　　　　　　B.听说过　　　　　　C.不知道

5.如果市面上推出不同口味的自热速食面，您的购买意愿如何？（　　）

A.买一些试试　　　　　　　　　　　B.无所谓

C.一定会买　　　　　　　　　　　　D.一定不买

6.您选择自热速食面时最看重哪个因素？（　　）

A.品牌　　　　　　B.广告　　　　　　C.口味　　　　　　D.价格

E.营养价值

7.您喜欢购买哪种包装形式的自热速食面？（　　）

A.纸盒　　　　　　B.袋装　　　　　　C.现做现卖

8.您一般在哪购买自热速食面？（　　）

A.超市　　　　　　B.小卖部　　　　　　C.食堂　　　　　　D.其他

9.对于自热速食面，您最喜欢什么材质的外包装？（　　）

A.透明玻璃纸袋　　B.真空包装　　　　C.礼盒　　　　　　D.其他

10.您对土豆和山药的营养价值的了解程度如何？（　　）

A.不是很了解　　　　　　　　　　　B.了解

C.很了解　　　　　　　　　　　　　D.不知道，没吃过

11.您对自热速食面的营养健康方面的要求如何？（   ）

A.无所谓 　　　　　　　　　　　　B.一般

C.高 　　　　　　　　　　　　　　D.非常重视

12.您能接受的一人份自热速食面贩卖的价位是多少？（   ）

A.10元 　　　　　　　　　　　　　B.15元

C.25元 　　　　　　　　　　　　　D.无所谓，只要喜欢

感谢您的支持与帮助！

年　　月　　日

问卷调查表——豉香辣椒酱

亲爱的先生/女士：

您好！

为了更好地满足消费者对辣椒酱的需求，我们设计了此份调查问卷，希望您能抽出宝贵的时间回答一些问题，感谢您的支持与配合！

1. 您的性别。（　　）

A. 男　　　　　　　　　　　　B. 女

2. 您的年龄。（　　）

A. 18岁以下　　　B. 18~25岁　　　C. 25~30岁　　　D. 30岁以上

3. 您的职业。（　　）

A. 工人　　　　　　　　　　　B. 农民

C. 学生　　　　　　　　　　　D. 白领或行政人员

4. 您的文化程度。（　　）

A. 小学　　　　B. 初中　　　　C. 高中　　　　D. 大学及以上

E. 未上过学

5. 您对辣椒酱的认知度。（　　）

A. 听说过，未食用过　　　　　B. 食用过，很熟悉

C. 不了解，未听说过

6. 您选择辣椒酱类食品更看重哪个因素？（　　）

A. 品牌　　　　B. 广告　　　　C. 口味　　　　D. 价格

E. 营养价值　　　F. 包装

7. 您一般在哪里购买辣椒酱？（　　）

A. 超市　　　　B. 小卖部　　　C. 早餐店　　　D. 其他

8. 您对辣椒酱的营养成分了解程度如何？（　　）

A. 不是很了解　　B. 了解　　　C. 很了解　　　D. 不知道，没吃过

9. 您更愿意选择哪种口味的辣椒酱？（　　）

A. 甜味　　　　B. 咸味　　　　C. 麻辣味　　　D. 香辣味

E. 其他

10. 您对辣椒酱外观造型的要求如何？（　　）

A. 无所谓　　　B. 一般　　　　C. 重视　　　　D. 非常重视

11.您觉得辣椒酱属于哪种类型的食品？（　　）

A.早餐食品　　　　　　B.午餐食品　　　　　　C.晚餐食品　　　　　　D.夜宵食品

12.您喜欢什么材质的辣椒酱类食品外包装？（　　）

A.塑料袋　　　　　　　B.塑料盒　　　　　　　C.纸盒　　　　　　　　D.精美礼盒

13.你能否接受辣椒酱冷冻包装？（　　）

A.能　　　　　　　　　B.可以试试　　　　　　C.不能

14.您觉得辣椒酱适合何种包装？（　　）

A.小瓶包装　　　　　　B.大瓶包装　　　　　　C.塑料包装

15.您觉得每份辣椒酱净重多少克比较合适？（　　）

A.100～150克　　　　　B.150～200克　　　　　C.200～250克　　　　　D.250～300克

16.您能接受的辣椒酱的价位是多少？（　　）

A.10元/份　　　　　　 B.15元/份　　　　　　 C.20元/份　　　　　　 D.无所谓，只要喜欢

17.如果超市出售辣椒酱，您的购买意愿如何？（　　）

A.买一些试试　　　　　B.无所谓　　　　　　　C.一定会买　　　　　　D.一定不买

18.如果超市出售辣椒酱，您更倾向于选择哪种？（　　）

A.瓶装辣椒酱　　　　　　　　　　　　　　　　B.袋装辣椒酱

19.您更愿意选择哪种烹饪方式对辣椒酱进行二次烹饪？（　　）

A.蒸　　　　　　　　　B.炸　　　　　　　　　C.煎　　　　　　　　　D.烤

20.您觉得辣椒酱的保质期多久最为合适？（　　）

A.3个月　　　　　　　 B.6个月　　　　　　　 C.9个月　　　　　　　 D.一年

感谢您的支持与帮助！

年　月　日

问卷调查表——福禄华糕

亲爱的先生、女士：

您好！

为了能做出味道更好的澄粉产品，我们在此希望您可以抽出宝贵的时间来完成一份问卷调查，感谢您的支持与配合！

1.您的性别。（　　　）

A.男　　　　　　　　　　　　B.女

2.您的年龄。（　　　）

A.16岁以下　　　　B.16~30岁　　　　C.30~45岁　　　　D.45~60岁

3.您对于中国传统糕点的种类、做法、价格等是否了解？（　　　）

A.很了解　　　　B.比较了解　　　　C.不太了解　　　　D.不了解

4.您喜欢哪种类型的糕点？（　　　）

A.西式　　　　B.中式　　　　C.中西结合　　　　D.无所谓

5.选择一份糕点您最看重的是什么？（　　　）

A.色泽、口味　　　　B.价格　　　　C.时尚潮流　　　　D.营养健康

6.您平时喜欢吃糕点吗？（　　　）

A.不喜欢　　　　B.一般　　　　C.喜欢

7.您平时喜欢吃什么类型的糕点？（　　　）

A.油酥类　　　　B.混糖类　　　　C.浆皮类　　　　D.炉糕类

E.蒸糕类　　　　F.酥皮类　　　　G.油炸类　　　　H.其他类

8.您喜欢什么口味的糕点？（　　　）

A.甜　　　　B.咸　　　　C.清淡　　　　D.无所谓

9.一般情况您把糕点当作什么食用？（　　　）

A.正餐　　　　B.点心　　　　C.宵夜　　　　D.其他

10.您一般在哪里购买糕点？（　　　）

A.蛋糕店　　　　B.超市　　　　C.促销点　　　　D.其他

11.您愿意尝试营养价值高、做工精致但是价格较贵的糕点吗？（　　　）

A.愿意　　　　B.不愿意　　　　C.无所谓

12.通常情况下您选择糕点是否会在意品牌？（　　　）

A.不会　　　　B.会　　　　C.有时会

13.挑选糕点时，您偏爱哪种包装？（　　）

A.散装称重　　　　　　B.独立包装　　　　　　C.无所谓

14.通常情况下您购买糕点的目的是什么？（　　）

A.自我消费　　　　　　B.送礼　　　　　　　　C.追赶时尚潮流　　D.其他

15.您希望糕点的保质期是多长时间？（　　）

A.3天　　　　　　　　B.5天　　　　　　　　C.7天　　　　　　D.10天

16.您喜欢哪类传统糕点的包装？（　　）

A.复古　　　　　　　　B.简单　　　　　　　　C.有一定现代感　　D.时尚

17.您能接受的价位是多少？（　　）

A.15元/盒　　　　　　B.20元/盒　　　　　　C.25元/盒　　　　D.30元/盒

感谢您的支持与帮助！

年　　月　　日

问卷调查表——三味鱼酥

亲爱的先生/女士：

您好！

为了更好满足消费者对以鱼肉为原料的酥类食品的需求，我们设计了此份调查问卷，希望您能抽出宝贵的时间回答一些问题，感谢您的支持与配合！

1.您的性别。（　　　）

A.男　　　　　　　　　　　　B.女

2.您的年龄。（　　　）

A.18岁以下　　　　B.18～25岁　　　　C.25～30岁　　　　D.30岁以上

3.您的职业。（　　　）

A.工人　　　　　　　　　　　　B.农民

C.学生　　　　　　　　　　　　D.白领或行政人员

4.您的文化程度？（　　　）

A.小学　　　　　B.初中　　　　　C.高中　　　　　D.大学及以上

E.未上过学

5.您对以鱼肉为原料的酥类食品的认知度如何？（　　　）

A.听说过，未食用过　　　　　　　B.食用过，很熟悉

C.不了解，未听说过

6.您选择酥类食品更看重哪个因素？（　　　）

A.品牌　　　　　B.广告　　　　　C.口味　　　　　D.价格

E.营养价值　　　　F.包装

7.您一般在哪里购买酥类食品？（　　　）

A.超市　　　　　B.小卖部　　　　C.早餐店　　　　D.其他

8.您对以鱼肉为原料的酥类食品的营养成分了解程度如何？（　　　）

A.不是很了解　　　　B.了解　　　　C.很了解　　　　D.不知道，没吃过

9.您更愿意选择哪种口味的酥类食品？（　　　）

A.甜味　　　　　B.咸味　　　　　C.麻辣味　　　　D.香辣味

E.其他

10.您对以鱼肉为原料的酥类食品外观造型的要求如何？（　　　）

A.无所谓　　　　　B.一般　　　　　C.重视　　　　　D.非常重视

11.您觉得以鱼肉为原料的酥类食品属于哪种类型的食品?（　　）

A.早餐食品　　　　　　B.午餐食品　　　　　　C.晚餐食品　　　　　　D.夜宵食品

E.休闲食品

12.您喜欢什么材质的酥类食品外包装?（　　）

A.塑料袋　　　　　　　B.塑料盒　　　　　　　C.纸盒　　　　　　　　D.精美礼盒

13.你能否接受酥类食品冷冻包装?（　　）

A.能　　　　　　　　　B.可以试试　　　　　　C.不能

14.您觉得以鱼肉为原料的酥类食品适合何种包装?（　　）

A.整条包装　　　　　　B.小块包装　　　　　　C.片状包装

15.您觉得以鱼肉为原料的酥类食品每份净重多少克比较合适?（　　）

A.100～150克　　　　B.150～200克　　　C.200～250克　　　D.250～300克

16.对于以鱼肉为原料的酥类食品，您能接受的价位是多少?（　　）

A.10元/份　　　　　　B.15元/份　　　　　　C.20元/份　　　　　　D.无所谓，只要喜欢

17.如果超市出售以鱼肉为原料的酥类食品，您愿意购买吗?（　　）

A.买一些试试　　　　　B.无所谓　　　　　　　C.一定会买　　　　　　D.一定不买

18.如果超市出售以鱼肉为原料的酥类食品，您更倾向于选择哪种类型?（　　）

A.冷冻类　　　　　　　　　　　　　　　B.即食类

19.您更愿意选择哪种烹饪方式对以鱼肉为原料的酥类食品进行加工?（　　）

A.蒸　　　　　　　　　B.炸　　　　　　　　　C.煎　　　　　　　　　D.烤

20.您觉得以鱼肉为原料的酥类食品保质期多久最为合适?（　　）

A.三天　　　　　　　　B.一周　　　　　　　　C.两周　　　　　　　　D.一个月

E.三个月　　　　　　　F.半年

感谢您的支持与帮助!

年　　月　　日